농민신문사

미생물농사 교과서, 스승 역할 해주길…

현장의 글은 생동감이 있다. 현장의 얘기를 사진과 만화를 곁들여서 만든 책은 우리들의 얘기여서 이해하기도 쉽고 가까이 두고 읽기에 더할 나위 없이 좋은 책이 된다. 이 책은 농업인의 어려움을 해결하기 위해 현장을 수십 번 방문하여 보고 느낀 것을 전달해주는 메신저 같은 책이다.

미생물농법은 농업인이나 소비자 모두가 동경하는 이상형과 같다. 그러나 실패하기도 쉬운 방법이기도 하다. 자연에는 너무나 많은 미생물이 있어서 시판하는 미생물제제를 500배 또는 1,000배의 물에 희석해서 사용하면 기존 미생물과 경쟁에서 지기 때문에 기대만큼 효과를 얻기 힘든 것이 현실이다. 그런 어려움을 해결한 것이 바로 젤라틴·키틴분해 미생물이다.

젤라틴·키틴분해 미생물의 가장 큰 장점은 값이 싸고 효과도 크다는 데 있다. 농가가 쉽게 자가배양할 수 있고 농장에 미생물 제조공장을 차린 것과 같아서 기존의 미생물제제의 단점들을 대부분 극복할 수 있다.

젤라틴·키틴분해 미생물이 세상에 나오기까지 숱한 연구 과정을 거쳤다. 개발자인 전남대학교 김길용 교수처럼 현장을 자주 다니는 연구자도 없을 것이다. 그 현장을 같이 다니며 취재하고 정리한 저자들의 열정도 대단하다. 1편의 내용은 미생물로 농사를 지으려는 수많은 농업인에게 교과서 같은 지침이 될 것이다. 2편의 현장 사례는 12명의 좋은 스승을 소개해주는 것과 같다.

원래 열정은 전염되는 것이어서 개발자의 연구개발에 대한 열정이 현장을 취재한 저자들에게도 옮겨간 것 같다. 여기에 성공한 농업인들의 좌우명인 영농비결 5계명이 농업인들에게 퍼져나가 이 책이 기술과 현장만 단순하게 소개하는 게 아니라 성공한 농업인의 영농 철학도 함께 전해주는 안내서가 되기를 기대한다.

현해남(제주대학교 교수·前 한국토양비료학회장)

책을 펴내면서

잘사는 농촌
만드는데
기여하고파…

요즘 대박이라는 말이 유행이다. 농사에서 대박이란 무엇을 의미할까? '대박농사'란 일순간에 일확천금을 버는 것이 아니다. 땅은 정직하기 때문에 그런 일이 가능하지도 않다. 농사에서 대박은 간단한 친환경 농법으로 땅을 살리면서 농업생산비는 절반가량 줄이고 농산물 수확량은 절반 이상 늘리는 것을 의미한다. 또 소비자들에게 친환경 안전농산물을 공급하고 농가들은 수취 가격을 높이는 것을 뜻한다. 이런 방식으로 억대부농에 오르면 진정한 대박이라고 할 수 있다.

한·중 자유무역협정(FTA)이 체결되면서 우리 농업이 위기를 맞고 있다. 값싸고 농약 범벅인 수입농산물이 봇물처럼 쏟아져 들어올 것이 불 보듯 뻔하기 때문이다. 하지만 경쟁에서 살아남을 길은 있다. 친환경 고품질 농산물로 경쟁하면 된다. 과거 8년 동안 광주·전남 주재기자로 활동하면서 젤라틴·키틴분해 미생물농법이면 수입농산물과의 경쟁에서 이길 수 있음을 현장에서 경험했다. 농사에 해박하지도 않은 귀농인들도 짧은 기간에 역대부농 반열에 올라서는 것을 보고 놀라지 않을 수 없었다. 또 농협 경제사업 활성화는 물론이고 농협과 지자체 협력사업의 중추적인 매개체 역할을 하는 것을 보고 가치를 널리 전파해야겠다는 각오를 다졌다.

그래서 책을 내기로 마음을 먹었다. 책꽂이에 꽂아두는 책보다는 읽히는 책을 만들고 싶었다. 나이가 많이 드신 농업인들을 배려하는 차원에서 글씨 크기도 최대한 키웠다. 또 만화를 많이 넣어 학습만화 방식으로 이해하기 쉽도록 했다. 책이 많이 읽혀야 좋은 가치가 농촌 곳곳으로 전파되고, 대박나는 농업인들이 늘어나지 않겠는가. 이 책엔 '잘사는 농촌을 만드는데 기여하고 싶다'는 꿈이 현실로 이어지기를 바라는 간절한 마음이 담겨있다.

마지막으로 이 책이 세상에 나오기까지 도움을 주신 분들에게 고마움을 전한다. 책 출간을 허락해준 최종현 농민신문사 사장님을 비롯한 출판담당 직원분들께 감사를 드린다. 또 주말에 글 쓰는 일에만 몰두할 수 있도록 도와준 아내와 아들·딸에게도 "고(고맙고)감(감사하고)사(사랑한다)"라는 짧은 말을 전해주고 싶다.

임현우(〈농민신문〉 농정부 차장기자)

생각 바꾸면
대박농사도
누구나 가능

"이렇게 쉬운데 왜 다들 시도하지 않는 것일까. 왜 땅에도 농작물에도 해롭다는 농약에 대한 미련을 버리지 못하는 것일까. 이들에게 알려주고 싶다. 조금만 생각을 바꾸면 누구나 억대부농이 될 수 있다. 그들에게 알려주자. 그 일을 내가 하자."

'대박농사, 누구나 할 수 있다'는 이렇듯 무모한 자신감 하나로 시작됐다. 한·미, 한·EU, 한·중 자유무역협정(FTA) 등 농산물 시장개방이 확대되던 시기에 〈전남매일〉 경제부 기자로 농축산 분야를 맡게 되면서 무작정 농업인들을 돕고 싶다는 생각이 들었기 때문이다.

그러나 농업·농촌은 불통의 현장이었다. 다들 흙에서 잔뼈가 굵은 농사 전문가들이라 농사가 뭔지 모르는 도시 글쟁이의 방문이 그리 달갑지 않은 눈치였다. '농약 없이는 농사가 힘들다'는 농업인들도 많았다. 그리고 시간이 흐를수록 걱정이 차곡차곡 쌓여갔다. 흙이 자생력을 잃으면 농작물이 자라지 못하듯 농업이 자생력을 갖추지 못하면 우리나라 농업이 흔들리는 것은 불을 보듯 뻔한 일이기 때문이다. 그때부터 억대 부농들을 찾아다녔다. 대부분은 도시생활을 뒤로하고 귀농을 선택한 사람들이었다. 그들은 유통과 홍보, 제품 포장, 협업 등 다양한 과정들이 농작물 재배만큼이나 중요하다는 것을 알고 있었다.

그것이 '대박농사'의 비결이었다. 농업인들은 모두 성실하고 근면했다. 정직하고 순박했다. 하지만 부농은 여기에 하나를 더 갖추고 있었다. 바로 앞을 내다보는 눈이다. 그들은 정보의 중요성을 알고 있었다. 농산물 수입 개방과 함께 소비자들이 가장 원하는 것은 먹거리의 안전이었고, 농산물 가격이 급등하던 시기에는 직거래를 통한 가격 안정이 답이었다. 억대부농은 이렇게 시대의 흐름을 읽고 준비했던 것이다. 친환경 먹거리를 보다 안정적이고 합리적인 가격에 공급함으로써 농촌도 살고 소비자도 웃을 수 있는 길을 만들어 간 것이다.

농촌에 살아본 적도 없고, 농사를 지어본 적도 없는 도시 글쟁이가 쓴 글이 과연 농민들에게 도움이 될 수 있을까. 이런저런 걱정이 앞서는 것은 사실이다. 이 때문에 글을 한 자 한 자 써내려 가는 것도 쉽지 않았다. 그러나 누구보다도 우리 농촌과 농업에 조금이나마 도움이 되고 싶은 진심을 담았다. 우리 젊은이들에게 꿈과 비전을 줄 수 있는 '부유한 농촌'이 되는 그날을 기대하며.

김금희(前 〈전남매일〉 경제부 차장기자)

차례

추천의 글 _ 현해남

책을 펴내면서 _ 임현우·김금희

제1부 ──
젤라틴·키틴분해 미생물농법 이론 편

미생물
퇴비

생각을 바꾸면
대박농사가 보인다.

제1부

젤라틴·키틴분해 미생물농법

이론 편

왜
친환경농업인가?

식량이 부족하던 시절 우리나라 농업인들은 어떻게 하든 식량 생산을 늘리기 위해 노력했다. 끼니를 거르는 사람이 많았기에 굶주린 배를 채우는 것이 최우선 목표였다.

하지만 세월이 흘러 시대가 변했다. 식량부족 문제가 해결되면서 농산물 부족 시대에서 과잉 시대를 맞은 것이다. 옛날에는 토마토나 딸기가 맛이 없으면 설탕을 넣어 먹었다. 하지만 지금 소비자는 맛없는 농산물엔 눈길도 주지 않는다. 농산물이 공산품처럼 균일하게 선별되지 않으면 제값을

받지 못하는 게 엄연한 현실이다. 게다가 농약이나 화학물질로부터 안전하지 않으면 소비자들에게 외면당하기 일쑤다.

특히 한·중 자유무역협정(FTA)이 타결되면서 친환경농업의 중요성이 더 커졌다. 과거에는 농약과 화학비료 사용으로 다수확을 하면 됐지만 값싸고 농약으로 오염된 중국산 농산물이 넘쳐날 것으로 예고되면서 차별화가 절실해졌다. 그 차별화가 친환경농업이다.

친환경농산물은 시장개방 환경에서도 경쟁력과 차별성을 소비자들

에게 인정받고 있다. 실제로 2014년초 시장조사 전
문기관인 마크로밀엠브레인의 트렌
드모니터가 전국에 거주하는 만
25~49세 여성 1,000명을 대상으로
친환경농산물 인증제품과 관련한
설문조사를 한 결과, 10명 중 7명은
친환경농산물의 소비가 가족의 건강 증진에 도움을 준
다고 인식하는 것으로 나타났다. 그 뿐만 아니다. 옛말에 음식으
로 못 고치는 병은 약으로도 못 고친다고 했다. 친환경농
산물로 만든 음식을 두고 하는 말이다. 미래농업을 지켜낼 보
루가 친환경농업이라고 판단하는 까닭이다. 이밖에도 친환경농업은
농사에 기본이 되는 땅을 살리고 수질을 개선하는 것은 물론이고 생
물의 다양성을 높이는 공익적 기능도 수행한다.

만약 당신이라면 어떻게 하겠는가❓

농약과 화학비료를 많이 사용해 외관이 좋은 농산물과 모양이 예
쁘지 않지만, 친환경으로 재배한 농산물 가운데 한 가지를 선택해서
내 자녀에게 먹이라고 한다면. 자식을 키우는 사람이라면 물론 친환
경농산물을 택할 것이다. 이것이 바로 친환경농업을 실천해야
하는 분명한 이유이다.

차별화 해야
환 경
친 농 산 물
가족건강에 도움준다
차별화
농약·화학물질 출입금지
비료

친환경농업이 더딘
이유는?

우리나라 농가인구는 2013년 말 기준으로 284만 7,000명이다. 이 가운데에서 농가 경영주의 평균연령은 65.4세나 되는 것으로 나타났다. 나이가 들었다는 것은 대부분이 비료와 농약을 사용하는 농사법에 길들어 있다는 것을 의미한다.

인간은 습관의 산물이기 때문에

이를 바꾸기가 쉽지가 않다.

일반농가가 친환경 인증을 받기 위해서는 토양의 질을 개선하고, 친환경농법을 익히는데 시간과 비용을 투자해야 한다. 가장 힘든 농사일 중 하나가 제초작업이다.

게다가 무농약이나 유기농으로 재배하는 농가의 소득이 관행재배 농가보다 오히려 떨어지는 것으로 나타나 관행으로 회귀하는 농가들이 속출하고 있다.

실제로 한국농촌경제연구원이 2013년 8~9월 쌀·배추·마늘·사과·참깨·땅콩을 재배하는 전국 친환경인증 농가 173명을 대상으로 인증단계별 수익성을 조사한 결과 단위면적당 기본소득은 6개 품목 모두 관행, 무농약, 유기농 순으로 분석됐다.

쌀의 경우는 10a(300여 평)당 관행농업으로 올리는 소득이 43만 7,000원으로 무농약 33만 8,000원, 유기농 32만 원보다 훨씬 높았다. 정부가 1999년 도입한 친환경농업 직불금을 합쳐도 소득은 관행보다 낮다. 현재 직불금 단가는 10a당 무농약이 4만 원, 유기농은 6만

원 수준이다. 또 국립농산물품질관리원 전남지원에 따르면 2014년 전남지역에서 친환경인증을 스스로 포기하거나 인증기준을 맞추지 못해 인증이 취소된 농가는 2만 1,300여 가구(2만 2,700여 ha)인 것으로 집계됐다.

친환경농산물을 생산해도 제값을 받지 못하거나 농법이 까다롭다는 것이 중도에 포기한 농가들의 항변이다.

하지만 모든 농가가
소득이 줄어든 것은 아니다.

　안정적인 판로망을 가지고 있는 친환경재배 선도농가는 일반농가
보다 소득이 많게는 몇 배까지도 높은 것을 현장에서 두 눈으로 확인
했다. 또 일부 농가는 친환경농자재를 손수 생산해 생산비는 절반으
로 낮추고 생산량이나 품질은 관행농법보다 우수하거나 뒤지지 않는
친환경농법을 실천해 부농을 일궈나가고 있다.

미생물을
아시나요?

모든 생물체는 크게 생물과 미생물로 나뉜다. 눈에 보이는 것은 생물, 눈으로는 볼 수 없을 만큼 아주 작은 생물은 미생물이라 한다.

보이지 않는 미생물의 존재를 확인하기 위해서는 현미경을 이용해야 한다. 미생물은 인간의 몸속에도 살고 있고 우리 주변 모든 곳에 존재한다.

미생물은 생물들이 살지 못하는 곳에서도 살 수 있다. 40㎞ 이상의

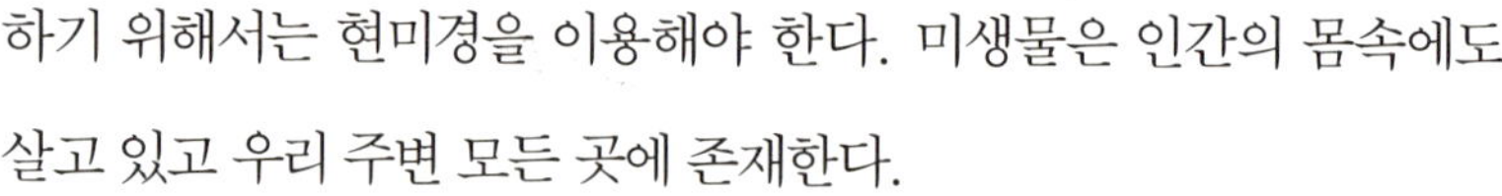

하늘에서도 발견된다.

일반적으로 미생물은 곰팡이·세균·방사선균 등이 꼽힌다.

미생물은 하는 일에 따라 사람에게 도움을 주면 '이로운 미생물', 사람에게 해를 끼치면 '해로운 미생물'이라고 구분된다.

이로운 미생물은 젖산균이나 효모, 뿌리혹박테리아와 같은 공생 미생물들이 잘 알려져 있다. 제2차 세계대전에서 많은 병사를 구해냈던 항생물질인 페니실린은 푸른곰팡이가 생산한 것이다.

또 해로운 미생물은 식물에 병을 일으키거나 식품을 부패시켜 우리 몸에 식중독을 유발한다.

특히 미생물은 여러가지 측면에서 생물과 다른 독특한 성질을 가지고 있다. 그래서 미생물을 일컬어 특수한 생명체라고 말하기도 한다. 이를테면 특별한 발효 능력을 갖춘 미생물이거나 또는 공해물질을 분해하는 특별한 능력을 가진 미생물을 일컬어 특수 기능 미생물이라 부르기도 한다.

자연계에서는 미생물이 동식물의 배설물 등을 분해하는 청소부 역할을 함에 따라 수질환경 보호나 지력 보전에도 활용이 된다.

농업적으로는 미생물이 토양 속에 효소·호르몬·비타민·유기산·식물생장 촉진물질 등을 배출해 식물 영양원으로 이용된다. 미생물은 최적온도에 따라 저온성균(10~20℃),

중온성균(30~40℃), 고온성균(50~60℃), 초고온성균
(80℃ 이상)으로 나뉘기도 한다.

미생물의 순수배양은 파스퇴르가 가능하게 만들었고 150년의 역사를 가지고 있다.

농작물에 이로운 특수 미생물은 농가가 직접 대량 배양해 사용하면 농사비용을 아낄 수 있고 품질 경쟁력을 높일 수 있다.

미생물제제에 대한
농가와 업체의 인식은?

친환경 농산물에 대한 국민적 수요가 증가하면서 미생물제제와 같은 친환경농자재의 중요성도 갈수록 부각이 되고 있다.

한국농촌경제연구원에 따르면 유기농 농산물 시장규모는 2011년 5,364억 원에서 2020년 1조 7,536억 원, 무농약 농산물 시장규모는 2011년 1조 5,627억 원에서 5조 1,709억 원으로 성장할 전망이다.

반면에 친환경농자재의 대표주자인 미생물제제의 시장규모는 2007년부터 집계가 가능한 2010년까지 400억~500억 원 수준에 머물러 있다. 효능은 상대적으로 떨어지고 가격은 높은 것이 시장이 급성장하지 못하는 주된 이유다.

실제로 엄인용 농업기술실용화재단 기술동향분석센터 연구원이 미생물제제 사용경험이 있는 전국의 농가 109명을 대상으로 설문을 한 결과에 따르면 미생물제제를 이용할 때 가장 큰 문제점이 높은 가격, 사용·관리의 불편함, 품질·효능의 불확실성, 사용·관리방법에 대한 정보부족, 문제발생시 지원방법 부족 순으로 나왔다.

특히 농가 31%는 "미생물제제 사용을 늘리려면 가장 먼저 기술개발을 통해 효과와 효능을 높여야 한다"고 응답했다. 또 27%는 "가격을 낮춰야 한다"고 대답했다. "사용방법과 종류별 홍보와 교육을 강화해야 한다"는 지적은 17%를 기록했다.

또 미생물제제 생산업체 26곳을 대상으로 설문을 한 결과 연구개발과 제품생산 과정에서 가장 필요로 하는 기술은 미생물 소재개발 분야이며 세부적으로는 신물질 개발과 관련된 기술이 가장 필요한 것으로 조사됐다.

제품과 관련해서는 가루형태, 과립형태, 소형캡슐, 수중 유화제, 액체상태, 펠릿상태로 개발하고, 비료와 농약을 대체할 수 있는 미생물제제 개발이 필요하다는 응답이 많았다.

미생물제제에 대한 농가들의 가장 큰 요구사항은 품질과 효능을 높이고 가격은 낮춰달라는 것이다.

또 가격은 높아도 효과와 효능만 좋다면 쓰겠다는 의향도 높았다. 그리고 가능하다면 미생물제제 제품을 가루형태나 과립형태 등으로 만들어 다양하게 상품화해달라는 것으로 축약된다.

효과는 뛰어나고
값은 싼 미생물제제는 없나?

농가들이 가장 궁금해하는 질문이다. 물론 대답은 "있다"이다. 우리나라에도 이미 훌륭한 미생물제제가 개발돼 오래 전부터 농업현장에서 품목별 농작물에 사용되고 있을 뿐만 아니라 해외에 수출도 되고 있다.

농가들이 아직 잘 모르고 있을 뿐이다. 그리고 농가들 사이에서는 농업 경쟁력을 높이는 비법으로 알려져 뒤로 숨기는 사례까지 생겨나 확산이 그만큼 더디다.

특히 이 미생물제제는 농가단위에서 대량으로 자가배양이 가능해 농업생산비를 절반 가량이나 낮출 수 있다. 반면에 농작물을 튼튼하게 자라게 만들고 수확량을 늘려줘 농가 소득은 크게 늘어난다. 게다가 미생물제제를 농약과도 섞어 살포할 수 있어 관행농법이 가능하고 친환경농법까지 실현할 수 있어 농가들에 각광을 받고 있다.

그것이 바로
젤라틴·키틴분해 미생물이다.

김길용 전남대학교 농업생명과학대 교수팀이 농산물 시장개방에 대응하기 위해 야심차게 개발한 것이다. 지난 10여 년에 걸쳐 농가와 지역농협 등에 보급되면서 효능과 효과도 아주 탁월한 것으로 검증됐다. 그 뿐만 아니라 가격도 일반 친환경농자재보다도 훨씬 저렴한 것으로 나타났다.

특히 일반농약과 섞어 사용해도 미생물 효과가 크게 떨어지지 않아 관행농사에도 적용이 가능하다. 농가들이 원하는 미생물제제에 대한 뛰어난 품질·효능과 저렴한 가격 등을 모두 갖춘 것이다.

농가들의 반응도 뜨거웠다. 젤라틴·키틴분해 미생물을 활용해 하

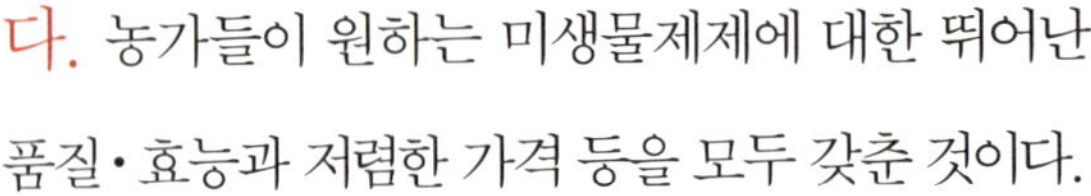

우스 2,644㎡(800평)에서 애호박·부추를 무농약으로 키워 억대매출을 올리는 박춘수 씨(69·전남 나주시 남평읍 평산리)의 사례가 2011년 10월 19일자 〈농민신문〉 사회면에 보도되면서 반응이 확인됐다. 당시에 박 씨는 전국 각지 농가들에서 수백 통의 전화를 받느라 진땀을 흘렸다. 영농에 막대한 지장을 받았지만, 남들에게 도움이 된다는 생각에 한편으로는 뿌듯하기도 했다는 후문이다.

다만 미생물을 직접 배양해야 하는 약간의 불편과 번거로움은 농가들이 감수해야 할 책무로 남겨져 있다. 불편을 감수하고 공을 들이면 농사비용을 크게 절감해 농가소득으로 돌아오기 때문에 충분히 감내할 만하다는 게 농가들의 반응이기도 하다.

젤라틴·키틴분해 미생물은
어떻게 탄생했나?

순간적으로 번쩍 떠오른 아이디어, 뜻밖의 사실을 알려준 사고, 행운을 부른 실수, 오히려 득이 된 부주의….

이처럼 인류의 삶을 변화시킨 획기적인 발명품은 대부분 우연히 발명됐다. 당뇨 환자들의 희망인 인슐린, 수술의 통증을 없애주는 마취제, 추억을 영상으로 남기는 사진 등이 대표적인 사례다. 하지만 과학적 발명이 우연만으로 100% 완성될 수 없다. 그 우연은 미래의 발명을 위해 필요한 시간을 투자할 줄 아는 열정가의 눈에만 보인다는 것이다.

젤라틴·키틴분해 미생물도 우연히 발명됐다. 탄생 비화는 1996년

미국 미주리 주의 한 허름한 자취 방에서 시작됐다. 당시 박사후 연수프로그램인 포스닥 과정을 밟고 있던 한 한국인 유학생은 집에서 술안주로 게를 즐겨 먹었고, 먹고 남은 게 껍데기를 화단에 버리곤 했다.

한국인 유학생은 어느 날 화단을 살펴보던 중 뭔가 다른 점을 발견했다. 게 껍데기로 덮인 주변의 풀과 꽃이 싱싱하고 왕성하게 자랐다. 뭔가를 감지한 그는 대학의 연구실로 뛰어갔고 국내로 돌아와 관련 학계에 내놓은 성과물이 바로 키틴 분해 미생물을 활용한 친환경농법이다.

그 한국인 유학생이 바로 김길용 전남대 농업생명과학대학 농식품 생명화학부 교수다. 그가 7년간 연구 끝에 2002년에 개발해 이듬해 상품화한 것이 키틴분해 미생물이다. 이 미생물을 식물에 살포하면 키틴분해 효소를 분비해 병원성 곰팡이나 해충 알의 보호막 역할을 하는 키틴성분을 분해한다. 이 효소가 식물이 병에 걸리지 않도록 예방해 주는 역할을 해주는 셈이다.

그는 이후 연구를 거듭한 끝에 2009년에 선충의 유충과 알집에 함유된 젤라틴까지 분해하는 미생물을 개발했다.

젤라틴분해 기능과 키틴분해 기능이 융합되면서 농가들이 오랫동안 갈망하던 저비용 고효율 농법인 젤라틴·키틴분해 미생물이 탄생했다.

비료와 농약을 주로 활용하는 관행농법에 젖어 있는 농민들이 하루 아침에 농법을 바꾸기가 쉽지 않다. 하지만 농사에 효과를 본 농가들이 늘면서 젤라틴·키틴분해 미생물이 농업현장에서 급속히 확산하고 있다.

지금까지 왜 미생물을 이용한 방제가 실패했나?

많은 학자들이 기능성 미생물을 이용해 병해충을 방제하려고 수없이 시도했다. 대부분 연구는 실내에서 단일 또는 몇 종류의 유용미생물을 혼합 배양해 식물의 어린 모종에 접종한 후 그 효과를 보고하는 방식이었다. 일반적으로 이러한 효과는 포트를 사용해 실내실험에서 이루어진 것이었다. 실제 포장에 적용할 경우 그 효과가 아주 미약하게 나타났다.

포장에서 미생물을 이용한 병해충방제가 실패한 가장 큰 이유는 접종균의 개체 수가 토착미생물에 비해 너무도 적기 때문이다.

토양 속에는 토양 1g당 최소 1억~100억 개체 수의 토착미생물이 서식하고 있다. 대부분의 농가들은 시중에서 판매되는 1ℓ 용기에 담긴 미생물을 구입해 물과 섞어 3,305㎡(1,000평)의 토양에 뿌리고 있다. 1ℓ 용기에 들어 있는 미생물의 개체 수는 대략 1,000억 개(1㎖당 1억 개)로 토양 3,305㎡(1,000평)에 살포했을 때 토양에 서식하는 토착미생물 개체 수와 구입한 미생물의 비율이 825만 대 1 수준으로 더 많아 구입한 미생물 개체 수와는 경쟁이 되지 않는다.

　　살포된 미생물은 숫자가 너무 적을 뿐만 아니라 토양환
경과는 전혀 다른 보호된 환경에서 성장했기 때문에 토양
에 이미 서식하고 있는 토착미생물과의 싸움에서 밀려나 급
격히 사라지고 만다. 배양미생물이 실제로 포장에 적응한다는 것
은 불가능에 가까운 일인 셈이다. 따라서 미생물을 이용해서 병해충
을 방제하려면 다른 방식의 접근이 필요한 것이다.

이를 해결하기 위해 개발한 것이 바로
젤라틴·키틴분해 미생물이다.

젤라틴·키틴분해 미생물은 젤라틴·키틴 분말이 어떤 환경에 들어가면 젤라틴·키틴 만을 분해할 수 있는 균만이 기하급수적으로 증가한다는 원리를 이용한 방법이다.

다시 말해서 젤라틴·키틴을 이용하면 노출된 환경에서도 다른 미생물의 성장을 억제하면서 젤라틴·키틴분해 미생물을 대량으로 배양할 수 있다.

또 토양 안에 토착미생물이 다량으로 살고 있기 때문에 이들과의 생존경쟁에서 이기기 위해서는 미생물을 대량으로 생산해서 다량으로 살포해 줘야 한다는 점이다.

왜 미생물을
대량 배양해야 하나?

미생물을 배양하기 위해서는 양분이 필요하다. 실험실에서 사용하는 양분은 가격이 높다. 회사에서 병으로 판매하는 미생물은 대부

분 고가의 양분과 장비를 이용해 배양한다. 특히 미생물의 오염을 막기 위해 사용하는 무균작업대, 멸균 장치, 배양기는 매우 비싸 경비가 2억~6억 원이 소요된다.

예를 들어 미생물 1t(1,000ℓ)이 배양되었다면 회사의 경우 1ℓ로 나누어 1,000병을 농가에 보급한다. 따라서 농가는 1ℓ의 미생물을 500~1,000배의 물과 희석하여 살포하는 것이 일반적이다. 이렇게 희석된 미생물이 토양에 살포되었을 때 그 숫자가 토양에 이미 서식하고 있는 토착미생물의 숫자에 비하여 너무 적기 때문에 효과가 미미하다.

미생물 희석에 따라 농작물 성장과 병해충 방제에 대해 실험한 결과를 보면 배양된 미생물이 10배 이상 물과 희석되었을 경우 그 효과가 매우 떨어진다는 사실을 발견하게 된다. 다시 말하면 원액에 가

까운 미생물을 살포해야 작물의 성장과 병해충 방제에 효과가 있다는 것이다.

실제로 전남대학교 친환경농업연구소 연구팀이 젤라틴·키틴분해 미생물을 물과 다른 농도로 섞어 선충알 500개와 유충 300마리를 넣고 실험한 결과, 물을 많이 희석하면 효과가 떨어진다는 사실이 입증됐다. 배양액 30%와 물 70%를 희석해서 처리한 실험군은 5일째 선충알 부화율이 10%에 불과했고, 3일째 선충 유충 치사율이 90%에 달했다.

반면에 배양액 10%와 물 90%를 희석해서 처리한 실험군은 5일째 선충 알 부화율이 63%나 됐고, 3일째 선충 유충 치사율이 20%로 현저히 낮았다.

위 실험을 종합해보면 배양액 처리농도가 높을수록 선충 유충의 치사율이 높다는 뜻이다.

농촌현장에서도 미생물농법으로 성공한 농가들의 공통점은 미생물을 대량으로 살포해줬다는 점이다.

미생물을 10배 이상 물과 희석해서 살포하면 약간의 전시효과는 나타나지만, 실제 소득향상과 연결되지 않는다는 것이다.

그 때문에 노련한 농가들은 소규모 시험포를 운영하며 최적의 미생물 희석 농도를 찾아내 농가소득을 크게 올린다는 점에 주목해야 한다.

젤라틴·키틴분해 미생물을
대량 배양하는 방법은?

첫 번째, 미생물을 대량으로 배양하기 위해서는 미생물, 젤라틴, 키틴 분말인 미생물 양분과 500ℓ(25말) 배양통, 거품 발생기, 온도조절이 가능한 히터(봄·가을·겨울철에 필요) 등 별도의 자재가 필요하다.

이런 자재는 인터넷 검색창에서 '젤라틴·키틴분해 미생물' 검색어를 입력하면 관련정보를 찾을 수 있다.

두 번째, 500ℓ 배양통에 물 400여 ℓ(20말)를 채운 다음 거품 발생기를 연결하고 히터는 30~35℃로 맞춘다.

세 번째, 500ℓ 배양통에 젤라틴·키틴분해 미생물과 젤라틴·키틴

분말을 넣는다. 다만, 젤라틴·키틴 분말은 미세망에 담아 넣는다.

네 번째, 미생물을 3일 배양한 후 고농축미생물영양제 2ℓ와 설탕 2.5~5kg, 복합비료(남해화학에서 만든 슈퍼21, 21-17-17) 2.5~5kg을 미세망에 넣고 2~3일 더 배양한다. 〈표1〉

　물에 잘 녹는 수용성 비료를 사용해서 배양할 경우 〈표2〉를 참조한다. 미생물 먹이로 사용되는 설탕과 복합비료는 각각 탄소원과 질소원 공급역할을 하기도 한다. 또 고농축미생물영양제는 미생물 배양 속도를 빠르게 하고 튼튼하게 키운다.

　다섯 번째, 사용 하루 전날 물을 가득 채우고 사용하는 날에 1,322~1,652㎡(400~500평)에 관주 또는 엽면살포한다.

　엽면살포시에는 생육기에 따라 배양액(1):물(2~10)비율로 희석해 사용하면 된다. 이때 농약 또는 친환경제제와 혼합하여 사용할 수 있다.

예를 들어 미생물 배양액 100ℓ와 물 400ℓ를 혼합하면 500ℓ가 된다. 이 500ℓ를 물로 간주하고 여기에 관행적으로 사용한 농약량의 50~70%를 섞어 살포한다. 친환경제제도 마찬가지로 혼합 가능하다. 나머지 미생물 배양액 400ℓ는 뿌리 주위로 관주한다.

〈표1〉 미생물 500ℓ 배양에 사용할 복합비료량

비료의 종류	사용량
젤라틴·키틴분해 분말	0.5kg
젤라틴·키틴분해 미생물	0.5ℓ
고농축미생물영양제	2ℓ
복합비료(21-17-17)	2.5~5kg
설탕	2.5~5kg

〈표2〉 작물성장에 따라 미생물 500ℓ 배양할 때 사용할 수용성 비료량

비료의 종류	일반 (작물정상)	토양 양분과다	토양 질소과다
젤라틴·키틴분해 분말	0.5kg	0.5kg	0.5kg
젤라틴·키틴분해 미생물	0.5ℓ	0.5ℓ	0.5ℓ
요소(46-0-0)	1.35kg	0.65kg	0.50kg
일인산칼륨(0-52-34)	1.6kg	0.8kg	1.6kg
염화칼륨(0-0-60)	0.3kg	0.15kg	0.4kg
황산칼륨(0-0-0-45)	0.0kg	0.05kg	0.05kg
석회고토(15%~53%)	0.1kg	0.05kg	0.1kg
고농축미생물영양제	2ℓ	2ℓ	2ℓ
설탕	3.5kg	1.75kg	1.75kg

어떤 농작물에 적용이
가능한가?

젤라틴·키틴분해 미생물은 거의 모든 농작물에 적용할 수 있다는 것이 가장 큰 장점이다.

우선 우리나라 주 작목인 벼를 친환경 재배하는 데 사용할 수 있다. 전남 나주 공산농협은 2013 년 젤라틴·키틴분해 미생물을 활용해 기능성 '가바(GABA)' 성분이

함유된 벼의 유기농 재배에 성공해 주목을 받았다. 특히 그해 농약을 뿌린 일반 논에서도 벼멸구가 극성을 부렸지만, 미생물을 살포한 유기농단지에서는 피해를 전혀 입지 않아 주위 사람들을 놀라게 했다. 또 광주 임곡농협은 대규모 친환경 재배단지에 미생물을 살포해 무농약으로 벼를 생산하고 있다.

가장 많이 사용되고 효과가 높은 품목은 시설채소다. 하우스는 내부환경이 인위적으로 통제할 수 있어 효과를 극대화할 수 있는 것이 장점이다. 잎채소·애호박·부추·당근·고추·토마토·참외·수

박·딸기·화훼 등 다양한 작목에서 사용해 농가소득을 높이는 역할을 하고 있다.

또 수출용 토마토 등에도 활용해 품질과 안전성을 동시에 높여나가고 있다.

시설채소를 재배해 소득을 가장 많이 늘린 대표적인 농가가 정태진 씨(39·광주광역시 광산구 광산동)다. 그는 1ha에서 케일·치커리·치콘·쌈배추·청겨자 등 건강기능성 쌈채소 20여 종을 생산해 2014년 매출 3억 5,000만 원을 올렸다. 미생물 사용후 연간 매출이 2억 원 이상 늘었다.

노지채소는 양파·대파 등에 사용해 좋은 효과를 얻었다. 양파는 구가 커지고 단단해질 뿐만 아니라 저장성이 월등히 높아졌다. 과수에는 단감 등에 사용 중이다.

미생물 사용은 전남지역을 시작으로 점차 전국으로 확산하고 있는 추세다.

해외에서도 사용이 늘며 '농업 한류'를 이끌고 있다. 열대지방인 캄보디아에서는 열기를 차단하고 비를 막아주는 하우스를 설치하고 젤라틴·키틴분해 미생물로 잎채소류를 키운다. 베트남에서는 커피·후추·화훼 재배에 미생물을 활용하고 있다. 또 미얀마에서는 멜론·호박·토마토·고추·오이를 미생물로 시험재배 중이다.

젤라틴·키틴분해 미생물을
사용하는 방법은?

젤라틴·키틴분해 미생물은 과채류, 잎·근채류, 과수류, 벼 등 거의 모든 농작물에 사용할 수 있다. 농작물에 미생물을 주기적으로 엽면 살포하거나 관주를 해주면 품질향상과 생산성 향상 효과 등을

거둘 수 있다. 미생물 사용방법은 아래 〈표〉를 참조하면 된다.

 **〈표〉미생물 대량 배양 후 배양액 사용방법**

대상 작물	기대효과	사용방법 및 시기
과채류 토마토, 고추, 오이, 딸기, 수박, 멜론, 호박, 가지, 참외, 피망 등	생장촉진, 품질향상 및 생산성 증대	**엽면 살포** 초기: 4배 희석(배양액 1 : 물 3) 초기 이후: 3배 희석(배양액 1 : 물 2) 육묘 시: 10배 희석(배양액 1 : 물 9) **관주** 배양액 100ℓ : 330㎡(100평) 관주 ※ 정식 후 15일부터 10~15일 　 간격으로 주기적 엽면 살포 및 관주
엽근채류 상추, 참나물, 마늘, 양파, 고구마, 무, 당근, 인삼 등	품질향상, 수량증대, 저장성 증진 및 생리활성촉진	
과수류 배, 사과, 감, 감귤, 포도, 복분자, 복숭아, 유자, 한라봉 등	생육촉진, 과비대촉진, 생리장해예방, 생산성 증대	
벼	미질 향상, 수확량 증가	배양액 1,000ℓ : 1ha 살포 2배 희석(배양액 1 : 물 1) : 1ha 살포

미생물 엽면 살포는 농작물 병해충을 예방하고 방제하기
위해서 해준다.

미생물 관주는 선충 등 토양내 병해충을 예방하고 흙을
살리기 위해서 해준다.

미생물을 배양할 때
오염을 최소화하려면?

미생물을 배양할 때 원하지 않은 미생물이 배양되는 경우를 오염됐다고 말한다. 예를 들어 A라는 미생물을 배양하고자 했는데 A가 아닌 B 또는 C라는 미생물이 다량으로 배양된 것이다. 이러한 일은 흔히 발생한다.

우리 주변에도 미생물이 많이 존재한다.

손·옷·침·먼지·대기·토양 등에는 많은 미생물들이 있다. 따라서 아주 정교하게 제어되지 않는 장소라면 주변의 미생물이 배양 때 함께 자랄 수 있는 확률이 매우 높다.

먼저 미생물의 세대기간에 대해서 알아볼 필요가 있다. 사람은 임신 기간이 10개월이다. 돼지는 4개월이며 쥐는 1개월이다.

젤라틴·키틴분해 미생물의 세대기간은 4시간이다. 하루에 6번 자손을 배로 증식시킬 수 있는 셈이다. 초기 젤라틴·키틴분해 미생물이 2개 개체 수가 있었다면 하루에 6번 증식할 수 있기 때문에 128마리가 된다.

미생물의 번식방법은 이분법으로 자신의 몸이 둘로 나누어져 자손을 만드는 방식이다. 즉 일정한 시간이 지나면 한 마리가 두 마리가 되고, 두 마리는 네 마리, 네 마리는 여덟 마리가 된다. 이런 방법으로 개체 수를 늘려간다. 배로 증식하는 데 걸리는 시간이 미생물의 종에 따라 다른데 이 시간을 세대기간이라 한다.

　그러나 우리 주위에는 세대기간이 0.5시간(30분)에 불과
한 미생물이 많이 존재한다. 이렇게 세대기간이 짧은 미생
물이 함께 배양된다면 이 미생물은 하루에 48번(24시간을
0.5시간으로 나누면 48번) 증식한다. 원치 않은 미생물 두 마
리가 48번 증식한다면 562,949,953,421,312마리가 된다. 즉 배양하
고자 하는 미생물은 흔적도 없을 정도로 미미하게 되어 버린다.

　미생물이란 살아 있는 작은 생물이란 뜻이다. 다시 말하
면 살아 있다는 것은 먹어야 한다는 점이다. 일부 고등동물
은 먹이에 대해 특이성을 보이고 있다. 사자는 육식, 얼룩말은 초식,
누에고치는 뽕잎, 배추좀벌래는 배춧잎을 좋아한다.

　따라서 배양하고자 하는 미생물이 좋아하는 먹이를 제
공한다면 쉽게 원하는 미생물을 배양할 수 있다.

　다시 말하면 세대기간이 30분에 불과해 급속도로 배양
될 수 있는 미생물이 먹을 수 없는 먹이를 줘야 한다는 것이
다.

연작장해 해결이
가능한가?

젤라틴·키틴분해 미생물을 1년 이상 꾸준히 농작물에 사용하면 연작장해 문제는 거의 해결할 수 있다.

연작장해는 한 가지 농작물을 동일한 밭에 연속적으로 재배했을 때 농작물의 생육이 나빠지고 수량과 품질이 떨어지는 현상을 말한다. 연작하면 염류 집적, 양분 불균형, 병해충 발생 피해가 급격히 늘어난다.

염류 집적의 원인은 토양 양분을 고려하지 않고 과잉 시비를 하기 때문이다. 비료를 줄 경우 일반적으로 질소는 40%, 인산은 15%, 가리는 50% 정도 작물이 흡수하고 나머지는 토양에 흡착되거나 유실된

다. 염류가 집적되면 작물의 뿌리가 다치거나 양분, 수분의 흡수저해 등이 일어나고 생육이 방해받는다.

　연작하면 토양 내에 미생물의 균형이 깨지고 유해 미생물이 늘어 병해충을 일으킨다. 예를 들면 고추에 역병을 일으키는 파이토프쏘라 켑사이시(Phytophthora capsici)는 고추 뿌리를 선호하는 유해 미생물이다. 재배 초기에는 토양 내에서 수만 종의 미생물

과 역병을 일으키는 유해 미생물이 균형을 이루며 살아가지만, 연작을 하면 할수록 역병을 유발시키는 유해 미생물의 숫자가 기하급수적으로 증가한다.

또 참외 뿌리에 침입해 기생하는 뿌리혹선충(Meloidogyne incognita)은 혹을 만들고 뿌리의 형태를 변화시켜 수확량을 크게 감소시킨다. 연작하면 참외 뿌리에 기생하면서 살아가는 병해충의 개체 수는 계속해서 늘어난다.

실제로 경북도농업기술원에 따르면 국내 최대 참외 주산지인 성주 지역에서 참외 뿌리혹선충으로 인한 피해가 30%로 농가소득 손실액 이 연간 570억 원에 달하는 것으로 추산된다.

이렇게 식물에 병을 일으키는 사상균 대부분의 세포벽이나 충의 알 은 3~25%가 키틴 성분으로 이뤄져 있다. 또 뿌리에 기생하면서 살아 가는 뿌리혹선충의 유충 표피와 알 껍데기의 일부는 콜라겐과 젤라틴 으로 구성돼 있다.

또 젤라틴·키틴분해 미생물을 농작물에 꾸준히 살포해 주면 천연 항생물질, 젤라틴 분해 효소, 키틴 분해 효소를 분비해 유해 미생물을 줄여 병을 방제하는 데 큰 역할을 한 다.

젤라틴·키틴분해
미생물을 함유한 퇴비제조도
가능한가?

퇴비는 풀·짚과 가축 배설물을 섞어 만든 천연비료를 말한다. 미생물이나 지렁이가 유기물을 분해하는 과정에서 만들어낸 최종물질인 셈이다. 분해되는 동안 기능성 미생물이 퇴비화 과정에서 많이 증식돼 토양에 살포된다면 작물 생육과 병해충 방제에 많은 도움을 줄 수 있다. 따라서 퇴비화 과정에서 어떻게 기능성 미생물을 접종해 생존율을 높일 수 있느냐가 매우 중요한 과제다.

지금까지 많은 학자들과 회사들이 특정 미생물을 퇴비에 접종해 기능성 퇴비를 생산하기 위해 노력했다. 하지만 일반적으로 퇴비에는 1g당 최소 10억~1,000억 개체 수의 토착미생물이 있다는 사실을 간과했기 때문에 번번이 실패했다. 자세히 설명하면 퇴비 10t당 실험실에서 배양한 기능성 미생물 1ℓ를 접종했을 때 토착미생물과 기능성 미생물 비율은 100만 대 1로 기능성 미생물이 퇴비에서 살아남을 확률은 거의 없다.

실제로 농가에서는 시중에 판매되는 1ℓ(1,000㎖) 용기에 들어 있

는 미생물을 구입해 물과 희석하여 사용하고 있다. 1ℓ 용기에 들어 있는 미생물의 개체 수는 대략 1,000억 개(1㎖당 1억 개)로 3,305㎡(1,000평)에 살포했을 때 토착미생물보다는 825만 대 1 수준으로 적다.

접종된 미생물은 숫자가 너무 적을 뿐만 아니라 퇴비의 환경과는 전혀 다른 보호된 환경에서 성장했기 때문에 퇴비에 이미 서식하고 있는 토착미생물과의 경쟁에 밀려 급격히 사라지고 만다. 따라서 배양미생물을 실제로 퇴비에 적용한다는 것은 불가능에 가까운 일이 된다.

하지만 특정 기질을 이용하면 접종한 미생물이 퇴비에 생존할 수 있다. 어떤 기질이 노출된 환경에 들어가면 분해 효소를 생성하는 균만이 그 기질을 탄소원과 영양원으로 이용함으로써 분해 효소를 생성하지 못하는 미생물에 비해 기하급수적으로 증가한다는 원리를 이용한 방법이다.

특정기질인 키틴을 이용하면 노출된 환경에서 특정 기능성 미생물이 서식할 수 있다. 키틴 미생물이 지속적으로 분비한 효소와 항생물질은 병원성 곰팡이 세포벽과 선충 알을 파괴하여 죽이거나 활동을 지연시킨다. 또 미생물이 분비한 여러 가지 영양분인 대사물질과 식물성장 호르몬은 식물성장에 크게 기여한다.

젤라틴·키틴분해
미생물 퇴비 제조법과 사용법은?

키틴을 함유한 게·새우 껍데기 등 부산물은 우리나라 동해안을 비롯해 미국 알래스카 주·메인 주와 캐나다 등 전 세계적으로 분포되어 있다. 또 가축 가죽이나 물고기 비늘에는 다량의 젤라틴이 존재한다. 이러한 천연 부산물은 수산물 가공공장을 거쳐 일부는 식품을 제조하는 데 사용되나 대부분은 폐기되는 실정이다. 따라서 젤라틴과 키틴을 질소원과 탄소원으로 이용할 수 있는 젤라틴·키틴분해 미생물을 이용하면 퇴비를 대량으로 생산할 수 있다.

쉽게 말하자면 질소원은 생물체에 중요한 단백질이나 핵산의 원료가 되는 질소 화합물이다. 또 탄소원은 생체에 흡수돼 생체구성탄소

로써 이용되는 탄소화합물이다. 독립영양하는 식물이나 미생물 일부는 탄소원으로써 이산화탄소를 이용할 수 있다.

젤라틴·키틴 퇴비 제조 방법은 다음과 같다.

우선 재료는 게 껍데기 5~30%, 젤라틴 2~5%, 쌀겨 5~15%, 톱밥 20~50%, 질소비료 0.5~2%, 인광석 1~3%, 규산비료 0.05%, 칼륨비료 0.1~0.5%가 필요하다. 여기에 여러 가지 종류의 우수한 젤라틴·키틴분해 미생물을 포함한 접종제(Inoculant) 0.01~1%를 혼합한 후 수분함량을 50~60%로 유지하면 된다. 적절한 장소를 선택해 쌓아 두고 1년에 2~3회 뒤집기를 하면 양질의 퇴비를 생산할 수 있다.

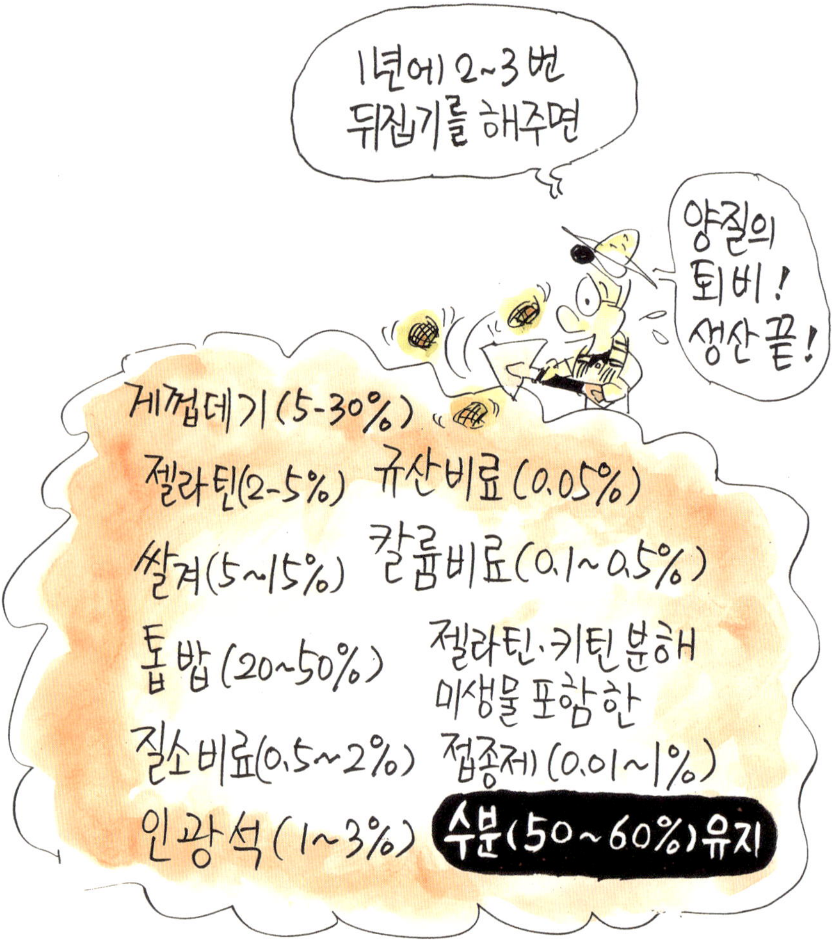

1년에 2~3번
뒤집기를 해주면
양질의
퇴비!
생산 끝!
제껍데기 (5-30%)
젤라틴(2-5%) 규산비료(0.05%)
쌀겨(5~15%) 칼륨비료(0.1~0.5%)
톱밥 (20~50%) 젤라틴·키틴 분해
미생물 포함한
질소비료(0.5~2%) 접종제 (0.01~1%)
인광석 (1~3%) 수분(50~60%)유지

이렇게 생산된 퇴비에는 1g당 1억 개체 수의 젤라틴·키틴분해 미생물이 서식할 수 있다. 이는 일반퇴비보다 100~1,000배 이상 높은 수치다. 이 퇴비를 토양에 살포한 뒤 농작물을 재배하면 병해충으로부터 보호할 수 있다.

원예작물은 일반적으로 모종을 1~2개월 가량 육묘장에서 키워서 본 밭으로 옮겨 심는다. 육묘장에서 자랄 때 젤라틴·키틴퇴비를 사용하면 1~2개월 동안 뿌리 주위에 젤라틴·키틴분해 미생물을 풍성하게 해준다. 왜냐하면 이미 존재하고 있는 젤라틴·키틴분해 미생물 숫자도 많을 뿐만 아니라 분해가 완료되지 않은 젤라틴·키틴 기질을 계속해서 분해하기 때문에 젤라틴·키틴분해 미생물의 숫자는 증가할 수밖에 없다.

모종을 본 밭에 옮겨 심을 때 포트나 플러그 내에 젤라틴·키틴분해 미생물이 함께 옮겨지므로 포장에서도 생장촉진은 물론 식물 병원균 발병억제와 충으로 인한 피해방지에도 큰 도움이 된다.

젤라틴·키틴분해 미생물을
함유한 퇴비는
어떤 효능이 있나?

키틴분해 미생물을 혼합한 후 1년간 공기를 주입하면서 부숙시킨 기능성퇴비는 농작물에 효과가 뛰어난 것으로 나타났다. 이 퇴비는 1g당 1억 개체 수의 젤라틴·키틴분해 미생물이 서식하고 있음이 확인됐다. 이는 일반퇴비보다 100~1,000배 가량 높은 수치다.

전남대학교 친환경농업연구소 연구팀이 부속농장 하우스에서 포트 200개를 만들고 100개에는 기능성퇴비를 다른 100개에는 일반 시중에서 구입한 퇴비를 넣어 실험했다. 고추를 8주간 키운 후에 고추역

병균을 기능성퇴비를 넣은 50포트와 일반퇴비를 넣은 50포트에 접종했다.

병원균을 접종한 일주일 후에 병증을 조사한 결과 일반퇴비를 넣은 포트는 뿌리가 병원균에 감염되어 검게 변하면서 쉽게 시들어 버렸다. 반면에 기성퇴비를 넣은 포트는 병증을 알아볼 수 없었다. 따라서 기능성퇴비에 서식하는 특정 미생물이 토양에 서식하면서 고추 역병의 침입을 막았을 것으로 추론된다.

또 토마토시듦병에 대한 방제 효과도 실험했다. 토마토시듦병에 걸려 뽑아낸 자리에 기능성퇴비와 일반퇴비를 넣은 후 각각에 9개의

토마토 모종을 심었다. 3주 후에 조사한 결과 일반
퇴비를 넣은 토마토는 시들어 죽었지만, 기능성퇴
비를 넣은 토마토는 생육이 정상적이었다.

특히 기능성퇴비는 연작장해
해소에도 도움을 준다.
사실 우리나라 대부분
시설재배 토양은
연작장해로 인
해 수확량
이 감소하

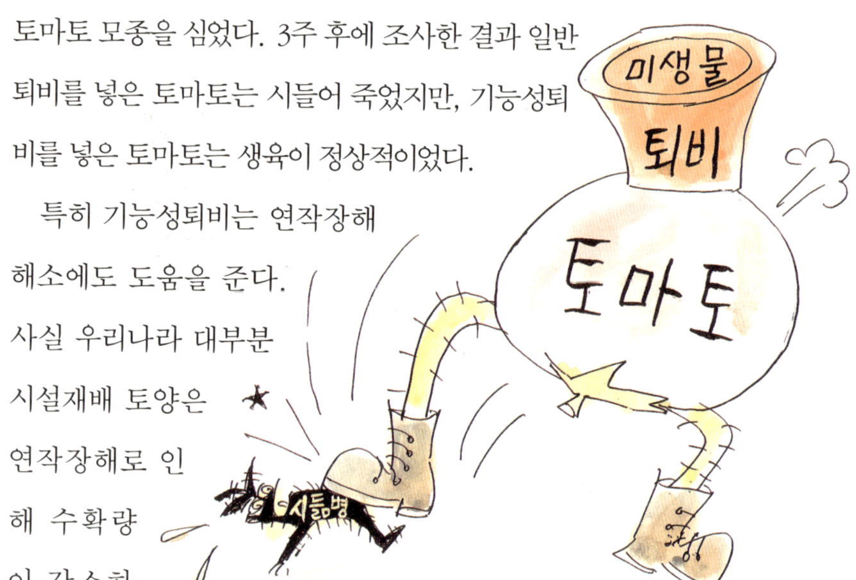

고 있다. 대부분 농가가 농약과 비료에 의존하기 때문이다.

비료와 농약을 많이 살포하면 연작장해는 없어지지 않고 악순환이
지속된다. 이때 연작장해를 해소시켜 주는 것이 기능성퇴비다. 연작
으로 인해 병해충이 만연하고 수확량이 급속도로 감소한 농가에서 기
능성퇴비를 사용한 결과 일반 시중퇴비를 사용한 것보다 병 방제 효
과가 뛰어나고 수확량이 매우 높았다.

젤라틴·키틴분해 미생물로 생산한 기능성퇴비는 농작물
모종 육묘에서 농작물 수확까지 모든 과정에서 활용할 수
있다. 생장촉진은 물론이고 친환경적인 생물학적인 방제에
많은 도움이 된다.

사용할 때
유의할 사항은 없나?

아무리 좋은 미생물이라도 생육환경이나 조건에 맞게 뿌려주지 않으면 효과가 떨어진다. 미생물 배양을 잘하고도 환경을 맞춰주지 못해 농사에 큰 효험을 못 보는 사례가 생기는 이유다.

젤라틴·키틴분해 미생물을 사용할 때 유의해야 할 점을 알아본다.

첫 번째, 미생물 배양을 시작한 후 10일이 넘으면 잡균에 오염이 되거나 활성이 떨어지기 때문에 기간 내에 사용하는 것이 좋다. 배양 후 10일을 넘긴 미생물은 관주처리하면 효과가 높아진다.

두 번째, 물과 희석하는 배수 준수를 권장한다. 미생물이 너무 진하면 농작물의 잎끝이 타들어가 생육에 지장을 줄 수 있고, 미생물이 너무 연하면 효과가 줄어든다.

세 번째, 미생물의 엽면살포 시기는 해질 녘이 적당하다. 농작물에 수분이 적당하게 있으면 미생물 증식에 도움이 된다. 이른 아침이나 고온기에 뿌리면 햇빛에 바로 마르기 때문에 적당하지 않다.

네 번째, 작물상태에 사용량이나 농도를 조절해야 한다. 작물에 습해우려가 있는데 미생물 뿌릴 시기가 됐다고 살포하면 습해를 입을 수 있다. 또 날씨가 너무 더운데 미생물 뿌릴 시기가 됐다고 살포하면 잎끝이 타들어가는 해를 입을 수도 있다.

다섯 번째, 강알칼리성 제제, 황, 동 등의 약제와는 혼용을 금지한다. 미생물에는 부작용이 없지만 약해가 발생하는 농자재가 있어 특히 유의해야 한다.

여섯 번째, 농작물의 잎 뒷면에 미생물 살포액이 마르지 않고 오랫동안 묻어 있으면 효과가 더 높아진다.

일곱 번째, 일반 농약과는 혼용해도 미생물 효과가 크게 떨어지지 않는다.

여덟 번째, 작물의 생육기에 따라 작물에 필요한 비료를 넣어 미생물을 배양하면 효과가 배가 된다. 생육 초기에는 질소비료, 개화기에는 인산칼리비료, 결실기에는 질소칼리비료를 추가로 넣어 주면 좋다.

한·중 자유무역협정(FTA) 체결로

우리 농업이 위기를 맞고 있다.

값싸고 농약 범벅인

수입농산물이 봇물처럼

쏟아져 들어올 것이 불보듯 뻔하기 때문이다.

하지만 경쟁에서 살아남을 길은 있다.

답은
젤라틴·키틴분해
미생물농법이다.

대박농사의 꿈
미생물농법으로 억대부농 따라잡자

제2부

젤라틴·키틴분해 미생물농법
사례 편

시설 애호박·부추농가

박춘수 씨

박춘수 씨(69·전남 나주시 남평읍 평산리)는 하우스 2,644㎡(800평)에서 부부 노동력만으로 애호박·부추를 무농약 재배해 억대매출을 올린다. 박 씨의 사례는 2011년 10월 19일자 〈농민신문〉 사회면에 보도되면서 큰 반향을 일으켰다. 기사가 나가고 난 후 그는 전국 각지 농업인들에게서 무려 200통에 달하는 전화를 받았다. 일을 못할 지경까지 이르자 가족들이 신문사에 전화해서 인터넷 기사를 내려달라고 항의를 하는 일까지 벌어졌다. 그래서 지금은 박 씨의 기사를 볼 수 없게 됐다.

박 씨가 소규모 면적에서 고소득을 올릴 수 있던 핵심비결은 젤라틴·키틴분해 미생물농법을 도입해 애호박 생산비를 관행보다 30% 이상 줄이고 수확량을 30% 이상 늘린 것이다.

"미생물을 자가 배양해서 대량으로 살포해 주면 땅이 살아나 작물이 건강하고 생산성이 좋아집니다."

박춘수 씨는 농사를 짓는데 미생물만큼 좋은 것은 없다며 예찬론을 펼쳤다. 그는 2,644㎡의 시설하우스에서 애호박과 부추를 각각 절반씩 재배하며 연간 1억 원이 넘는 조수익을 올린다. 1,322㎡에 기르는 애호박은 연 2기작으로 무농약 재배하며 6,000만 원에 달하는 소득을 창출한다.

박 씨는 젤라틴·키틴분해 미생물농법을 접한 것이 농업경쟁력을 높이는 계기가 됐다고 밝혔다.

박 씨의 설명에 따르면 이 농법은 병원성 곰팡이 세포벽과 선충 알·유충 등을 파괴하는 효소와 천연 항생물질, 각종 유익한 양분을 생성시켜 농약과 비료 사용을 크게 줄이면서 농작물을 건강하게 키울 수 있다. 박 씨는 "한 달에 두 번 미생물을 관주하고 6번은 미생물과 병해충 예방 친환경약제를 섞어 엽면 살포해주고 있다"고 말했다. 이렇게 하면 흰가루병·진딧물·흑성병 등 병해충을 미리 예방하고, 나무세력을 키워 고품질 애호박 수확량을 30% 이상 늘릴 수 있다는 것.

그는 또 같은 방법으로 나머지 하우스 1,322㎡(400평)에서 부추를 재배해 연간 5,000만 원이 넘는 조수익을 거두고 있다. 미생물농법을 적용한 부추는 한 달 주기로 수확할 수 있을 정도로 생산성이 높다.

박 씨는 이렇게 생산한 애호박과 부추를 식자재업체와 계약재배를 통해 높은 값을 받고 있다. 그는 "부부 노동력만으로 하우스 1동을 운영해 억대 매출을 올리고 있다"며 "젤라틴·키틴분해 미생물농법은 생산비는 줄이고 수확량을 늘려 '강소농' 육성에 알맞은 농법이라고 볼 수 있다"고 강조했다.

또 6년 전 수박을 재배할 때부터 미생물을 사용했는데 선충이 거의 사라져 연작장해가 전혀 없고 품질이 좋게 나와 소득이 짭짤했다고 회고했다.

박 씨는 "모든 친환경농자재를 직접 만들어 사용하기 때문에 농사 비용이 적게 드는 게 장점"이라고 덧붙였다. 친환경농자재가 시장에서 대부분 고가에 거래되므로 자가제조법을 터득하는 것도 농업 경쟁력을 높이는 한 가지 방법이라고 조언했다.

박 씨는 "농업인들이 가장 행복할 때는 농가소득이 올라갈 때다"며 "그래서 젤라틴·키틴분해 미생물농법은 농업인들을 행복하게 만들어 주는 농법이라고 생각한다"고 활짝 웃었다.

이어 박 씨는 "농사도 대규모가 만능이 아니라 부부 노동력만으로 억대소득을 올릴 수 있는 면적만 유지하면 최고라고 본다"며 "때문에 강소농 육성 정책이 아주 중요하다"고 덧붙였다.

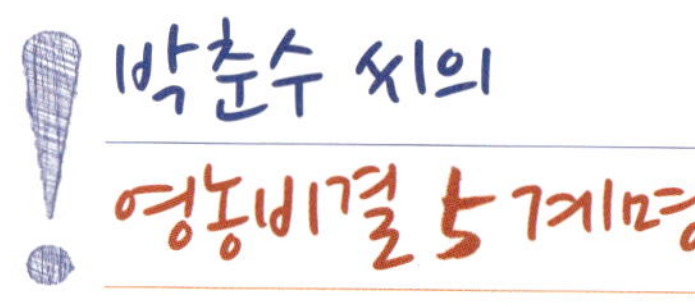

① 미생물을 듬뿍 넣어 땅을 살리는 것이 중요하다.

땅에는 수많은 미생물이 살고 있다. 이로운 미생물이 토양 속에서 잘 먹고 잘 싸고 잘 살게 만들어주는 것이 농사를 잘 짓는 비결이다. 땅 밖의 농사는 농부가 짓지만, 땅 안의 농사는 미생물이 짓기 때문이다. 땅심이 높아지면 농작물이 튼튼하게 자라 생산성이 높아진다.

② 농사에 노력과 정성을 쏟아야 한다.

'농작물은 주인의 발자국 소리를 듣고 자란다'는 옛 조상들의 말처럼 수시로 하우스를 찾아 애호박과 부추에게 안부 인사를 나누고 격려를 한다. 또 자식들을 키우는 정성으로 애정과 노력을 쏟는다. 술도 절제해야 한다. 농작물은 주인이 쏟는 애정만큼 자란다.

③ 퇴비는 완전 발효시켜 듬뿍 넣어줘야 한다.

오랫동안 발효시킨 퇴비는 땅심을 높이는 데 효과적이다. 발효퇴비는 토양이

가진 잠재능력을 최대한 끌어올리는 역할을
한다. 또 토양의 유기질 함량을 높이고 통기
성을 향상시킨다. 통기성이란 산소가 잘 통
하는 정도를 말한다. 농사꾼이라면 발효퇴
비를 듬뿍 넣는 것은 이제 상식이 됐다.

4 계약재배는 안정적인 농사를 짓도록 해준다.

계약재배는 시세변동에 상관없이 안정적인 농사를 짓는 데 필수적이다. 아무
리 농사를 잘지어도 판로가 없다면 제값을 받을 수 없
다. 친환경농산물은 판로를 확보하지 못하면 관행
농산물보다 높은 가격을 받을 수 없다. 계약재배
는 가격이 높을 때는 큰 재미는 못 보지만, 가격이
낮을 때는 제값을 받아 평균 소득이 훨씬 높다.

5 친환경농사에 자부심을 갖고 열정을 쏟아야 한다.

친환경농사는 시대적인 사명이다. 외국 농산물이 쏟아져 들어오면 국내산 가
격이 높아서 경쟁할 방법이 없다. 하지만 안전한 농
산물을 생산하면 이야기가 달라진다. 친환
경농산물은 몸에도 좋지만, 환경도 보호
한다. 지속가능한 농업을 일굴 수 있다는
얘기다.

딸기농가
진배근 씨

진배근 씨(47·광주광역시 북구 태령동)는 호텔요리 고수에서 딸기 농사 고수로 변신한 농업인이다. 호텔에서 요리하며 받는 스트레스가 많아 2006년 농업인의 길을 선택했다. 귀농 전에는 2년간 딸기농사 이론 공부를 하며 빈틈없이 준비했다. 인터넷에서 찾은 정보들이 귀중한 길잡이가 됐다. 특히 귀농 초기에 접한 젤라틴·키틴분해 미생물은 딸기농사를 실패없이 성공하도록 이끌어줬다. 2013년에는 하우스 5동(3,305㎡·1,000평)에서 딸기 재배만으로 연간 1억 원이 넘는 매출을 올리며 억대부농 대열에도 합류했다. 서울 가락시장에선 연일 최고값을 받는다. 그는 "가격을 높게 받는 것도 중요하지만, 미생물로 좋은 토양을 만들어 후대에 물려줄 것을 생각하니 뿌듯하다"고 큰 미소를 지었다.

"잘나가던 요리사를 그만 둔 것은 마음 편한 일을 하고 싶었기 때문입니다. 그래서 지금은 후회가 없습니다."

진배근 씨는 왜 귀농을 선택했느냐는 질문에 여유롭게 대답했다. 그는 한때 광주·전남 호텔 요리대회에서 1등을 차지할 정도로 승승장구했다. 하지만 사람들로부터 겪는 스트레스가 심했디. 그래서 딸기농사를 짓기로 결심하고 2년간은 이론공부에 매달렸다. 농사에 대해 아는 것이 아무 것도 없어 인터넷에 올라온 딸기 기사를 먼저 읽고 영상물을 보며 정보를 습득했다. 딸기 관련 서적도 구해서 독파했다. 덕분에 딸기 이론만큼은 30년 넘게 농사를 지은 농업인에게도 뒤지지 않을 정도가 됐다.

하지만 이론과 실제는 많이 달랐다. 경험을 통해 차이를 좁혀갔다. 귀농 초기에는 정식한 딸기 모종이 80%나 죽어 모두 뽑아내고 다시 심기도 했다. 원인은 탄저병이었다. 다른 사람이 육묘한 모종을 사서 심은 것이 화근이었다. 모종농사가 반농사라는 말을 실감한 이후 자가 육묘를 하고 있다. 그러던 중에 운 좋게도 진 씨는 젤라틴·키틴분해 미생물을 접했다. 그는 미생물을 대량 배양해 한 달에 2~3번 딸기에 관주해줬다. 병해충은 발생이 우려되면 미리 친환경약제를 뿌려 예방했다. 그 결과 딸기 당도와 상품성은 향상된 반면 친환경농자재 구입비용은 절반 이하로 줄었다.

　초창기엔 딸기 재배면적도 1,322㎡(400평)에 불과했다. 이곳에서 딸기를 겨울 작기로 재배해 그는 연매출 5,000만 원을 올렸다. 겨울철에 지하수가 나

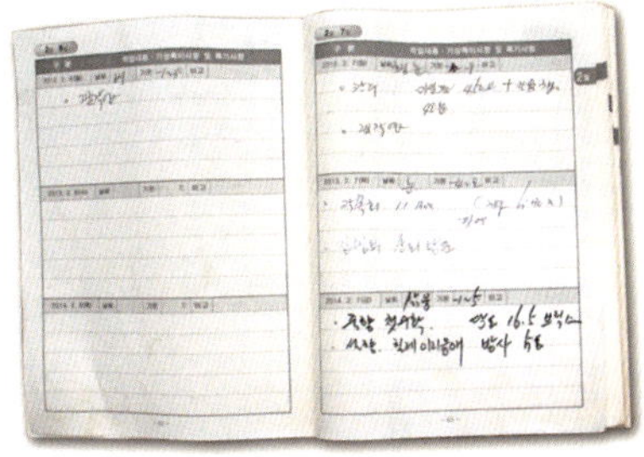

오지 않아 수막 재배를 할 수 없는 악조건 속에서도 난방기를 가동하지 않고 3중 비닐만을 씌워 재배했다.

　진 씨는 "겨울 혹한기에 젤라틴·키틴분해 미생물을 1주일 간격으로 관주해주면 딸기가 추위에 견디는 힘이 강해져 난방기를 가동하지 않고도 농사를 지을 수 있다"며 "모종 생산부터 딸기 수확까지 모두 혼자 해결해 순익비중이 70%를 넘는다"고 말했다.

　이후 딸기농사에 자신이 생긴 진 씨는 딸기 재배면적을 3,300㎡(1,000평)으로 늘려 부부 노동력으로 2013년 억대부농 반열에 올랐다.

　이와 함께 진 씨는 꽃솎기 작업을 철저히 해 특품 80%, 상품 20%의 황금비율로 딸기를 생산해 낸다. 또 딸기 재배 후에는 반드시 뒷그루로 벼농사를 짓거나 녹비작물을 심어 땅심을 높인다.

　진 씨는 "미생물농법으로 딸기를 재배하면 생육이 좋아 병에 견디는 힘이 강해질 뿐만 아니라 생산비가 크게 절감돼 수지맞는 농사를 지을 수 있다"며 "농가소득을 높이는 데 큰 도움이 된 만큼 미생물농법을 주변 농가들에게 적극적으로 보급하고 있다"고 밝혔다.

진배근 씨의
영농비결 **5** 계명

1 귀농에 성공하려면 최소 2년간은 미리 준비하라.

귀농을 목표로 삼기보다는 '도시에서 할 일 없으면 농촌에 가서 농사나 짓지'라
는 식으로 귀농하는 사례가 많아 실패한다. 요즘
농사기술이 발전하면서 적당히 농사를 지으면
소비자들에게 외면을 받아 농촌에서도 살기
가 힘들어진다. 그 때문에 철저한 준비가 필
요하다.

2 농사를 잘 지으려면 땅을 먼저 살려라.

농사는 하늘과 땅이 짓는다. 하늘은 어쩔 수 없지만,
땅은 사람의 관리가 가능하다. 땅을 살리지 못하
면 농사는 겉돌게 되어 있다. 아무리 좋은 약을
써도 잘 듣지 않는다. 땅을 살리려면 기본적으로
완숙퇴비를 듬뿍 넣고 미생물을 다량으로 뿌려줘
야한다.

③ 모종농사가 반농사이므로 자가육묘를 하라.

'될성부른 나무는 떡잎부터 알아본다'라는 속담이 있다. 농사에 적용해보면 모종부터 좋아야 큰 나무로 성장한다는 말이다. 질병에 걸린 모종을 구입해 농사를 망치는 사례도 직접 경험해봤다. 자가육묘법을 익히는 것이 농사 경쟁력을 키우는 한 가지 방법이라고 본다.

④ 병해충은 예방 위주로 약제를 살포하라.

병해충이 번지면 큰 타격을 입는다. 따라서 식물 면역력을 키우는 것이 중요하다. 사람도 마찬가지다. 운동을 꾸준히 하고 건강식품을 복용하면서 면역력을 높인 사람은 일 년 내내 감기 한번 걸리지 않는다. 병충해가 발생한 이후에 치료하려면 비용과 노력이 너무 많이 들고 비효율적이다.

⑤ 친환경농사를 지어 후대에 좋은 땅을 물려줘라.

친환경농사는 건강한 농산물을 소비자들에게 공급할 뿐만 아니라 땅을 살려 후대에 좋은 땅을 물려줄 수도 있다. 땅이 좋으면 생태계가 살아난다. 토양 비옥도는 높아지고 중금속 오염도는 사라진다. 한때 없어졌던 실잠자리·연못하루살이·물달팽이 등 수생생물이 농지 주변에서 많이 발견된다.

대촌농협

(광주광역시 남구 지석동)

광주광역시 대촌동 일대는 700여 농가가 400여 ha에서 시설원예작물을 재배하는 대규모 하우스 단지이다. 특히 이곳은 한때 풋고추 생산지로 유명세를 떨쳤다. 대촌농협은 풋고추의 옛 명성을 회복하기 위해 젤라틴·키틴분해 미생물의 농가보급에 나섰다. 이를 위해 대촌농협은 지자체 보조금 9,000만 원 포함, 1억 6,000만 원을 들여 학승지점에 30t짜리 미생물 배양 탱크 2개를 설치했다. 이곳에서 미생물을 10일 간격으로 배양한 뒤 고추 재배농가들에게 실비만 받고 저렴하게 공급하고 있다. 젤라틴·키틴분해 미생물로 고추를 친환경 재배하고 연작피해를 예방하는 효과를 얻고 있다. 대촌고추의 옛 명성을 되찾게 될 수 있을지 벌써 궁금해진다.

대촌농협이 미생물 배양 탱크를 설치한 것은 2013년 9월이다. 인접한 지역에 위치한 임곡농협이 젤라틴·키틴분해 미생물 농법을 성공적으로 도입해 고추를 소득작목으로 키워냈고, 농가들이 친환경 무농약 벼농사를 대규모로 재배한다는 이야기를 접한 것이 계기가 됐다. 특히 대촌농협은 사업을 독자적으로 추진하지 않고 지자체와 협력모델을 만들었다. 남구청에서 보조금 9,000만 원을 지원받아 지역농업 살리기에 공동으로 나선 것이다.

대촌농협은 미생물 배양 탱크 2곳에서 10일 간격으로 미생물을 키워 농가 50~60명에게 실비만 받고 공급하고 있다. 가격은 1ℓ당 85원으로 시중보다 무려 75% 가량 저렴하다.

미생물 배양·공급 업무를 맡은 김홍수 지도대리는 "농가들이 직접 배양하면 번거로움이 있어 농협에서 자체배양해 공급하고 있다"며 "해가 갈수록 미생물농법에 대한 신뢰도가 높아지고 있다"고 말했다.

농가들은 벌써 3작기 째 젤라틴·키틴분해 미생물농법을 실천하고 있다. 대촌농협은 2014년 11월 중에 미생물농법을 도입한 농가 20여 명을 대상으로 설문조사를 실시했다. 농자재 비용은 크게 줄고 품질은 향상됐다는 것이 공통된 의견이다.

설문조사 결과를 자세히 살펴보면 대부분이 긍정적인 반응이었다. 연작에 따른 선충피해가 거의 발생하지 않았다는 의견과 토양 염류집

적 현상 등 연작장해가 사라졌다는 반응이 많았다. 특히 관행농법을 실천할 때는 농약과 영양제 사용이 빈번해 농사비용이 많이 들었지만 젤라틴·키틴분해 미생물을 사용한 이후부터는 농약이나 영양제 사용이 급격히 줄어 생산비 절감에 큰 도움이 됐다는 평가다.

　세세한 농가 의견은 다음과 같다. 미생물을 엽면살포해 주면 흰가루병이 발생하지 않았다. 고추 정식초기에는 뿌리 활착이 촉진돼 작물이 건강하게 자랐다. 잎이 왕성하게 자라 고춧잎과 줄기가 생기가 있고 겉보기에도 튼튼해 보인다. 열매가 곧고 윤기가 흘러 품위가 향상됐다. 고추 열매가 커져 무게가 많이 나가 수취 값 향상에도 도움이 됐다. 고추 꽃이 떨어지는 현상이 사라져 대부분 착과됨에 따라 증수 효과로 이어졌다. 순멎이 현상이 없이 새 가지가 지속적으로 뻗어 나오고 열매가 달려 수확량이 늘어났다.

　전봉식 조합장은 "대촌지역에서는 대부분 이어짓기를 하기 때문에 연작피해가 잦다"며 "젤라틴·키틴분해 미생물을 사용한 농가들은 연작피해가 거의 해소됐다"고 밝혔다.

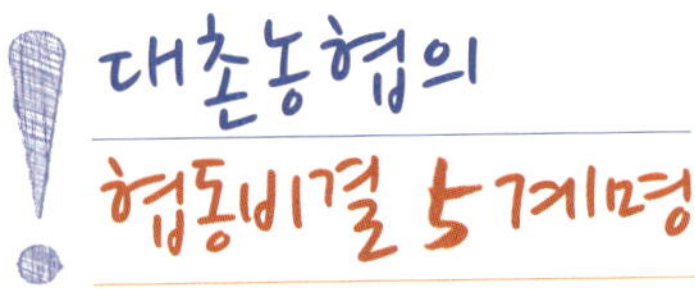

1 지자체와 협력사업이 중요하다.

지역농업 발전을 위해서는 지역농협이 지자체와 머리를 맞대야 한다. 지자체의 예산지원을 받아야 지역농업에 활력을 불어넣을 수 있기 때문이다. 가능하다면 지역연구소와도 손을 잡고 협력 사업을 펼쳐야 한다. 민간·지자체·연구소가 한마음이 된다면 소득작목 키우기는 가능하다고 본다.

2 농민과 농협, 역할분담이 필요하다.

요즘 농촌은 일손이 딸려 가장 문제다. 하우스 농사를 짓다 보면 시간도 충분하지 못하다. 농민들이 미생물을 직접 배양하려면 노동력과 시간이 들기 때문이 기피하는 경향도 있다. 이러한 문제를 해결하기 위해 농협에 미생물 배양 탱크를 설치하고 직접 배양해 실비만 받고 농가에 보급 중이다.

❸ 신뢰를 확보해야 농가가 적극 참여한다.

참여는 협동조합 사업의 성공 여부를 좌우하는 가장 중요한 요소다. 농민들이 협동조합 사업을 외면한다면 설 땅이 없어지기 때문이다. 따라서 농가들과 평소에 신뢰를 쌓는 것이 사업성공의 밑거름이 된다. 젤라틴·키틴분해 미생물도 3작기 째 꾸준히 보급하면서 농가들 사이에서 신뢰를 얻고 있다.

❹ 생산·지도역할까지 수행하라.

요즘 농가들은 고령화로 변화에 둔감해 미생물만 공급하면 농사에 실패할 확률이 높아진다. 관행농사 방식을 고수하다 보면 아무리 좋은 미생물을 사용해도 농사를 망칠 수 있다. 컨설팅을 통해 잘못된 농사습관을 바로잡아 주고 올바른 농사습관을 갖도록 지도해주는 것이 필요하다.

❺ 궁극적인 목표는 명품 브랜드화다.

지금 사회는 농산물 홍수시대다. 농약에 오염된 외국산 농산물까지 넘쳐난다. 품질과 친환경으로 차별화하지 않고서는 살아남기가 쉽지 않다. 얼굴있는 농산물을 만들어 친환경으로 승부해야 제값을 받을 수 있다. 젤라틴·키틴분해 미생물로 생산한 고품질 친환경 고추를 명품으로 키워냈다.

몽탄농협

(전남 무안군 몽탄면 구산리)

몽탄농협은 양파 주산지로 잘 알려진 전남 무안에 자리를 잡고 있다. 양파의 연중출하를 통해 제값에 판매하고 있다. 하지만 농가소득을 더 높이기 위해서 양파 친환경재배와 함께 저장성을 높이는 일이 시급하다. 이를 위해 몽탄농협이 도입한 것이 젤라틴·키틴분해 미생물 농법이다. 처음부터 대량보급을 하지 않고 시험재배하는 방식을 택했다. 양파 농사경험이 풍부한 김기주 조합장이 직접 시범포를 운영했다. 2013년 처음으로 시범포를 운영한 결과 3.3㎡(1평)당 수확량이 45kg으로 일반농가의 20kg보다 두 배 이상 높게 나왔다. 이를 지켜본 농가들이 2014년 30여 농가가 따라해 좋은 성과를 거뒀다. 이에 따라 2015년에는 참여농가가 훨씬 더 늘어날 것으로 기대된다.

"아무리 좋은 농법이라도 농가들이 두 눈으로 보지 않으면 절대로 따라 하지 않습니다. 그래서 시범포를 운영한 것이 농법을 확산시키는 계기가 됐습니다."

몽탄농협은 자발적인 농가들의 참여를 중시한다. 그 때문에 농협에서 젤라틴·키틴분해 미생물을 대량배양해 나눠주는 방식보다는 김기주 조합장이 직접 시범포를 운영해 검증했다. 검증 후에는 선도농가들에게 시범포를 운영하도록 했다. 농법이 효과가 없으면 관심도 사그러들 것이고 효과가 좋으면 급속히 확산될 것이라고 믿었다. 예상은 적중했다.

김 조합장이 직접 시범포를 운영한 것은 2013년부터다. 시범포 3,305㎡(약 1,000평)에 젤라틴·키틴분해 미생물농법을 적용했다. 양파를 정식한 후 3월부터 농약을 살포할 때마다 대량으로 배양한 미생물을 섞어 양파에 총 4회 뿌려줬다. 효과는 기대 이상이었다. 노균병·흑색썩음병 등 병해충 예방으로 농약 살포 비용이 크게 줄고 3.3㎡(1평)당 수확량은 45kg으로 일반농가의 20kg보다 두 배 이상 많이 나왔다.

"조합장님이 혼자만 좋은 종자를 구해다 심었나, 똑같이 농사를 지었는데 왜 이리 품질도 좋고 수확량이 많지?"

양파 시범포를 지켜본 이웃 농가들은 웅성거리기 시작했다. 입소문이 확실하게 난 것이다. 이후 몽탄농협은 선도농가를 중심으로 젤라틴·키틴분해 미생물 시범포를 운영하도록 했다.

2014년에만 30여 농가가 미생물 농법을 도입했다. 날씨가 좋지 않아 수확기를 앞두고 노균병·무름병 등 병해충이 급속히 번졌지만, 미생물농법을 실천한 양파밭은 품질이 아주 좋았다. 인근 농협은 양파 품위가 크게 떨어져 손실을 입었지만, 몽탄농협은 가락시장에 출하해 대부분 1등급을 받았다.

미생물농법으로 재배한 양파(왼쪽)와 일반양파(오른쪽)의 저장 후 6개월 모습

미생물농법의 효과를 확신한 몽탄농협은 2015년산 양파부터 미생물 구입비 50% 보조사업을 도입했다. 이에 따라 몽탄지역 양파재배 농가 230농가 가운데 3분의 1 가량인 70~80농가가 미생물농법에 참여할 것으로 예상된다. 또 일부 농가는 풋마늘에도 미생물농법을 적용해 대가 실하고 튼튼하게 자라 품질이 향상되고 농자재 비용이 절감되는 효과를 얻기도 했다.

김 조합장은 "노지농사는 하늘이 절반 농사를 짓기 때문에 정확한 분석결과를 내놓기는 힘들지만, 미생물 효과가 눈에 띄게 나타났다"며 "뿐만 아니라 양파 저장시험을 한 결과 저장성도 크게 향상돼 감모율이 현저히 줄어들었다"고 밝혔다. 이어 그는 "미생물농법의 효과를 인근에서 지켜본 농가들이 감에도 적용하고 다른 품목으로까지 확산시킬 움직임을 보이고 있다"고 덧붙였다.

몽탄농협의
농가지도 성공비결 5계명

1 농가도 시대 흐름에 맞게 변해야 한다.

농업인들은 20~40년간 농사를 지어왔기 때문에 관행농법을 고수하고 변화에 둔감한 특징이 있다. 그 때문에 혁신적인 농법이 나와도 잘 받아들이려 하지 않는다. 바로 앞에서는 고개를 끄덕이다가도 돌아서면 관행농법으로 회귀하는 것이다. 농가도 스스로 변해야 성공할 수 있다.

2 선도농가 따라만 해도 2등은 한다.

선도농가는 아주 어려운 위치에 있다. 새로운 농법을 앞서 받아들여 시행착오를 많이 거치기 때문에 힘든 측면도 많다. 하지만 일반농가는 선도농가들이 성공한 것만 따라 해도 시행착오를 줄이면서 성공의 길을 걸을 수 있다. 선도농가들을 농사 멘토로 삼는 전략이 필요하다.

3 농사 잘 짓는 첫걸음은 땅을 살리는 것이다.

땅이 좋아야 좋은 농산물을 생산할 수 있다. 미생물로 흙을 살리면 여러 가지 장점이 있다. 우선 친환경농업이 가능하다는 것이다. 또 비료와 농약 사용량이 줄기 때문에 농사비용이 적게 들어간다. 그 뿐만 아니다. 고품질 농산물을 생산해 제값도 받을 수 있다. 흙부터 살리는 기본으로 돌아가자.

4 시범포에서 시험재배를 반드시 하라.

아무리 좋은 품종이라도 그 지역 풍토에 맞지 않으면 아무 쓸모가 없다. 또 아무리 좋은 농자재라도 지역 기후에 맞게 조절을 하지 않으면 제 성능을 발휘하지 못한다. 먼저 선도농가들을 중심으로 시범포를 조성해 시험재배를 해보면 지역에 적합한 품종과 농자재를 선발할 수 있다.

5 잘사는 농촌을 만들려면 선도농가를 육성해야 한다.

선도농가는 잘사는 농촌을 만드는데 핵심적인 역할을 한다. 선도농가들이 좋은 농법을 받아들여 이끌어 가면 주변 농가들은 그것을 보고 따라 하기 쉽다. 누가 어떤 농법이 좋다고 떠들어대도 농가들은 웬만해서는 따라 하지 않는다. 하지만 두 눈으로 확인하면 따라 하지 말라고 말려도 보고 배우게 된다.

대파농가
안기철 씨

안기철 씨(47·전남 나주시 남평읍 우산리)는 귀농 18년 차의 대파 농사 고수다. 그는 지역 유명 건설회사에서 근무하던 중 국제통화기금(IMF) 외환위기로 회사가 어려워지자 1996년 귀농을 선택했다. 귀농 직후 벼·배추·고추·당근·대파 등 다양한 작목을 재배하며 농사 노하우를 익혀왔다. 365일을 하루도 쉬지 않고 농사에 매달렸지만, 노력에 비해 소득을 얻지는 못했다.

농사에 대한 사전지식이 없는 상황에서 관행농법을 답습하면서 별 성과를 얻지 못했다. 그러던 중 지난 2013년 3월 젤라틴·키틴분해 미생물을 접하고 '대박농사'의 가능성을 보게 된 것이다. 실제 2013년에는 대파와 당근을 각각 6,620㎡(2,000여 평) 규모로 농사를 지어 첫 흑자매출을 기록했다.

“젤라틴·키틴분해 미생물을 알게 되면서 농사에 자신감이 생겼어요.”

귀농 18년 차의 안기철 씨는 젤라틴·키틴분해 미생물농법의 매력에 푹 빠졌다. 2013년 이 농법을 도입해 첫 흑자매출을 기록한 데 이어 2014년 약 1만 1,570㎡(3,500여 평) 규모의 농지에 대파와 호박·당근 등을 재배해 9,000여만 원 가량의 매출을 올렸기 때문이다. 특히 2014년에는 전년에 비해 농산물 가격이 크게 하락해 재배 면적을 축소했음에도 전년과 같은 양을 수확해 매출을 유지할 수 있었다는 것.

안 씨는 “2014년은 전반적으로 농산물 가격이 하락해 생각만큼 좋은 가격을 받지는 못했지만 그래도 흑자매출을 유지할 수 있었다”며 “관행농법으로 시행착오를 거친 끝에 젤라틴·키틴분해 미생물농법으로 그동안의 노력에 대한 보상을 받은 기분”이라고 말했다.

그는 1만 1,570㎡(3,500여 평) 규모의 농지에 대파·호박·당근 등을 재배하고 있다. 이중 친환경농산물 재배 면적은 5,950㎡(1,800여 평) 가량이며, 생산된 농산물은 100% 학교급식으로 납품하고 있다.

친환경농산물의 경우 판로 확보에 어려움을 줄일 수 있어 농산물 가격 폭락으로 인한 손실을 줄일 수 있었다는 것이 그의 설명이다.

‘대파 농사의 달인’으로 불릴 만큼 ‘농사일에 자신 있다’는 안 씨에게도 힘겨운 시절이 있었다. 농사가 무엇인지, 어떻게 해야 하는지 전혀 모르는 상황에서 ‘나는 할 수 있다’는 자신감 하나로 선택한 안 씨에게 귀농이 그리 녹록지는 않았다.

"누구도 농사 비법을 가르쳐 주지 않았어요. 그냥 주변 농가들이 하는 방법을 그대로 따라 해봤죠. 좋다는 비료며 농약은 다 써본 것 같아요. 그런데 농약과 화학비료값은 오르고 농작물 수확량은 갈수록 줄어들고 귀농 초기부터 15년은 악순환의 연속이었어요. 정말 힘들었죠."

그런 그에게 '대박농사'의 비전을 제시해 준 것이 바로 친환경 농법이다. 그중에서도 젤라틴·키틴분해 미생물농법은 토질을 좋게 하고 채소의 뿌리를 튼튼하게 해 최고 품질의 농산물을 생산하는데 도움을 주기 때문이다. 그 뿐만 아니라 가격도 농약보다 저렴해 부담이 없다는 것이다.

안 씨는 "이 농법으로 재배한 농작물의 경우 저장성이 좋고 맛도 좋다"며 "매일 새벽 4시부터 일어나 농사일을 시작하고 5일에 1번 미생물을 주는데 농약과 달리 몸에 해를 주지 않아 좋다"고 덧붙였다.

그는 "땅이 있다면 더 다양한 품목의 농작물을 많이 재배하고 싶다"며 "귀농을 꿈꾸는 분들에게 좋은 본보기가 되고 싶다"고 말했다.

1 귀농에 성공하고 싶다면 더 성실해라.

사람들 대부분이 농사에 대해 쉽게 생각한다. '퇴
직하면 고향에 내려가 농사지으며 살겠다'는 식
이다. 이들 대부분은 귀농 후 1년도 지나지 않아
'농작물은 근면·성실의 산물'이라는 것을 알게 된
다. 특히 친환경 재배의 경우 관행농법에 비해 손이 많이 가기
때문에 그동안의 생활보다 더 근면해지고 더 성실해지지 않으면 안 된다.

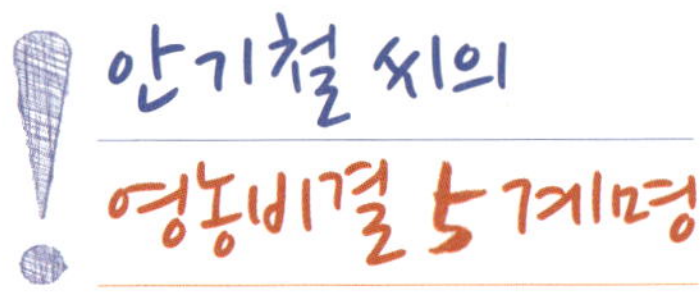

2 농사를 잘 짓고 싶다면 더 공부해라.

'씨를 뿌리면 알아서 자라겠지'라고 생각하면 오산
이다. 농작물의 종류에 따라 적합한 토질이 있고,
날씨와 습도, 일조량뿐만 아니라 땅속의 미생물 등
도 농작물의 생육에 영향을 주는 요소다. 그러므로 재
배하고자 하는 농작물의 특성을 알고 시작하는 것이 실패 확률
을 줄이는 데 도움이 된다. 또 모르면 물어보는 게 상책이다.

3 시행착오를 줄이고 싶다면 더 토론하라.

우리나라 산업의 발전을 가장 저해하는 것 중 하나는 '나만 잘되면 된다'는 생

각이다. 이 때문에 자신이 하는 일과 관련된 사람들과
교류를 하지 않는 것이 특징. 그러나 동종·이종
산업과의 교류 및 네트워크 형성을 통해 다양한
의견을 교환한다면 시행착오를 줄일 수 있을 뿐
만 아니라 판로확대에도 큰 도움이 된다.

④ 남보다 더 잘 하고 싶다면 더 많이 봐라.

'백문이 불여일견'이란 고사성어는 괜히 생긴 것이
아니다. 백 번 들어봐야 한 번 보느니만 못하다.
경험보다 더 값진 교과서는 없다. 서비스의 질을
높이고 싶다면 '서비스 선진지'를 다녀오면 되고, 품질
좋은 농작물을 생산하고 싶다면 나보다 더 농사가 잘된 곳을 찾아가서 보는
것이 중요하다. 잘하는 곳을 돌아보면 꼭 배워오는 것이 있다.

⑤ 안정적인 매출을 원한다면 '친환경 농법'을 선택하라.

소비자들이 비싼 가격을 지불하고도 명품을 구입하는 것은 그 제품이 그만
한 가치가 있다고 여기기 때문이다. 농업인들도 명품 농산물을 생산해 소비
자들에게 인정을 받는 것이 중요하다. 그 방법
중 하나가 친환경고품질 농산물 생산이다.
현재 친환경농산물은 학교급식과 백화점
납품용으로 수요가 많아 미래가 밝은 편
이다.

정태진 씨

정태진 씨(39·광주 광산구 광산동)는 검도 도장을 운영하다 생활이 어려워 2010년 귀농을 선택한 농업인이다. 처음엔 아버지 소유 하우스에서 일을 도우며 농사를 배웠지만, 지금은 상황이 완전히 역전됐다. 지금은 되레 아버지에게 월급을 주며 농사를 주도해 나가고 있다. 정 씨가 농사에서 성공을 일군 것은 2011년 임곡농협에서 운영하는 농업인대학에서 젤라틴·키틴분해 미생물농법을 배우면서부터다.

그는 시범포를 운영하며 농업인대학에서 배운 농법을 쌈채소에 맞게 효율을 극대화해 하우스 1만 1,579㎡(3,500여 평)에서 2014년 3억 5,000만 원의 매출을 올렸다. 정 씨는 "젤라틴·키틴분해 미생물농법을 알게 된 것이 인생에서 가장 큰 행운 중에 하나에 해당한다"고 극찬했다.

"농사를 모르는 것이 오히려 저에게는 약이 됐습니다. 새로운 농법을 고정관념 없이 쉽게 받아들여 빠르게 성공할 수 있었습니다."

귀농 4년 차인 정씨가 밝힌 성공비결이다. 농사경력이 많은 아버지는 자신의 농법만을 고수했기 때문에 젤라틴·키틴분해 미생물농법을 받아들이기가 쉽지 않았다고 설명했다. 정 씨가 귀농을 선택한 것은 도시에서의 돈벌이가 적었기 때문이다. 처음엔 검도 도장을 그만두고 농사를 짓겠다고 하니까 아버지가 극구 말렸지만, 지금은 누구보다도 더 반긴다고 환한 웃음을 지었다. 정 씨는 2010년에는 케일·치커리·치콘·쌈배추·청겨자 등을 1ha에서 재배해 매출 1억 5,000만 원을 올렸지만, 미생물농법을 도입한 첫해인 2011년에는 매출이 1억 8,000만 원으로 뛰었다. 2014년에는 재배면적을 1,652㎡(500평) 늘려 매출이 3억 5,000만 원에 달할 정도로 급신장했다.

그렇다면 어떻게 짧은 시간에 소득을 크게 늘릴 수 있었을까? 해답은 젤라틴·키틴분해 미생물농법에 숨어있다. 이전에는 하우스에서 채소를 연작하면서 농약을 많이 써도 수확량이 줄어들고 품질도 저하되는 문제점을 안고 있었다. 하지만 젤라틴·키틴분해 미생물농법이 연작장해를 말끔히 해결해줬다. 게다가 미생물을 직접 만들어 사용하면서 농약값 등 생산비는 절반 이상 줄어들었지만, 수확량은 60% 이상 늘어났다. 물론 채소 품질도 좋아져 수취값도 20% 이상 증가했다.

정 씨는 채소하우스에 주 1회 미생물 액비를 엽면시비 해줬다. 효과

를 높이기 위해 물을 많이 섞지 않고 원액에 가깝게 살포했다. 물론 천연 충제 등을 섞어서 병해충도 예방했다. 미생물은 친환경이기 때문에 수확기에도 지속적으로 뿌려줬다.

특히 정 씨가 생산한 쌈채소 20종은 전량 직거래로 판매해 수취값이 높다. '싱싱웰빙 쌈채소' 브랜드로 2014년에는 일본 동경 쌈밥집에도 수출을 했다. 그 뿐만 아니다. 정 씨는 젤라틴·키틴분해 미생물농법을 벼에도 적용해 좋은 성과를 거뒀다. 2012년부터 벼 4ha에 미생물을 연간 4회 살포해 무농약으로 재배해오고 있다. 벼 생산량도 일반벼와 비슷할 정도로 양호하다.

정 씨는 "친환경은 무농약재배가 생산성이나 소비자 가격 측면에서 가장 적합하다고 본다"며 "젤라틴·키틴분해 미생물농법이 확산돼 농가소득 증대에 기여했으면 한다"고 밝혔다.

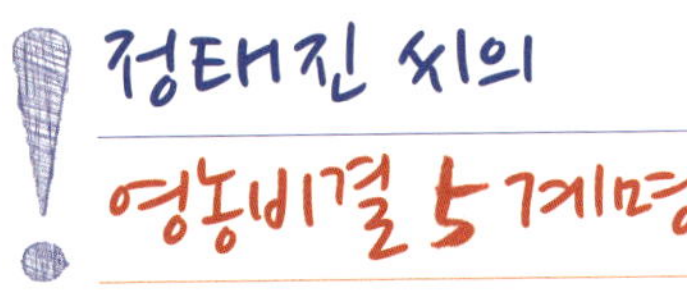

1 시범포를 운영해야 한다.

농사는 시행착오를 거치면 완전히 주저앉을 수도 있다. 소규모 시범포를 운영한 뒤 농자재를 바꾸면 시행착오를 현저히 줄일 수 있다. 시범포에서 연구한 노력을 시험해 보면 농사기술이 향상될 수 밖에 없다. 하지만 농가들은 귀찮아서 시범포를 멀리한다.

2 교육이 중요하다.

요즘엔 농사도 첨단기술로 짓기 때문에 옛날에 배운 농법을 그대로 적용해서는 부농대열에 올라서기가 쉽지 않다. 새로운 기술은 배우려는 노력이 필요하다. 또 농산물 가격이 외국농산물 수입에 따라 좌지우지되는 사례가 많아 해외동향에 대해서도 공부를 해야 한다.

3 유통망을 확보해야 제값을 받는다.

아무리 농사를 잘 지어도 제값을 받지 못하면 헛농사가 될 수도 있다. 따라서

농사만 잘 지으면 된다는 안일한 생각보다
는 소비자를 연구하고 직거래 등 유통망
을 확보하는 노력이 요구된다. 농산물
직거래 명단을 확보하는 것이 돈이 되는
시대가 왔다.

④ 친환경농자재는 직접 만들어 써라.

지금은 생산비 경쟁시대다. 생산비를 줄이지 못하
면 그만큼 농산물 경쟁력이 뒤떨어진다는 의미이
다. 젤라틴·키틴분해 미생물을 직접 만들어 쓰면서
생산비는 줄어들고 생산성은 월등하게 높아졌다. 그
러면 농사에 실패할 확률은 거의 없어진다.

⑤ 대규모 시설농사는 인력확보가 관건이다.

요즘엔 농촌에 고령화로 인력 구하기가 하늘의 별 따기처럼 어렵다. 인력 없
이는 농사가 불가능하기 때문에 고정인부
를 갖추고 있어야 한다. 외국인근로자
와 지역민들을 고용하는 것을 병행해
야 한다. 인력을 관리하는 노하우까
지 갖춰야 한다.

신경식 씨

신경식 씨(69·전남 고흥군 점암면 대룡리)는 무농약 한라봉 박사로 통한다. 그가 운영하는 시암농장에는 친환경농업을 배우기 위해 찾아오는 농업인들의 발길이 끊이지 않는다. 한라봉의 본고장인 제주에서 한라봉 농사를 짓는 농업인들만 연간 500여 명에 달할 정도다. 이는 농약을 전혀 사용하지 않고도 씨알이 굵고 당도 높은 한라봉을 수확하기 때문. 신 씨는 지난 2005년부터 총 5,940㎡(1,800여 평) 규모의 시설하우스에 한라봉 묘목 1,000여 개를 심고 정성껏 가꿔온 결과 연간 20t 가량의 한라봉을 수확하고 있다. 신 씨는 지난 10여 년 동안 젤라틴·키틴분해 미생물을 자가 배양하는 것은 물론이고 퇴비도 직접 만들어 사용하고 있다. 이렇게 친환경농법으로 생산한 무농약 한라봉은 '황금복주머니'라는 자체 브랜드로 판매되고 있으며 연간 2억 3,000만 원 가량의 매출을 유지하고 있다.

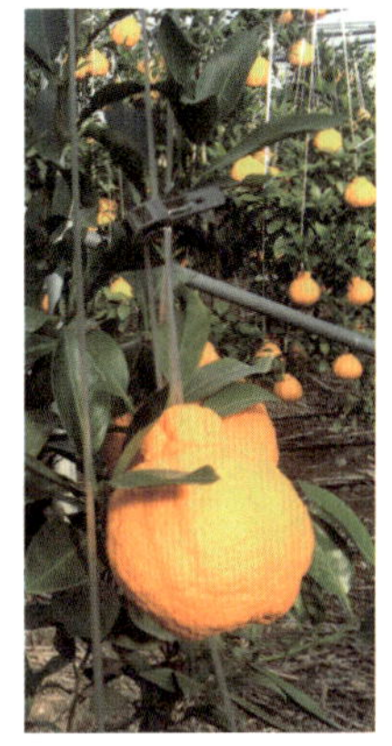

“황금복주머니 하나 드시고 복 많이 받으세요.”

신 씨의 한라봉 사랑은 남다르다. 농약과 화학 비료를 전혀 사용하지 않았을 뿐만 아니라 직접 만든 퇴비와 직접 배양한 미생물로 재배한 친환경 무농약 한라봉이기 때문이다. 여기에 고흥은 일조량이 풍부하고 토양의 점질성이 높고 해풍이 부는 등 한라봉을 수확하기에 적합한 환경을 갖추고 있는 것도 명품 한라봉 ‘황금복주머니’를 수확하는 데 도움을 주고 있다.

신 씨는 “고흥은 한라봉의 품질에 가장 큰 영향을 미치는 일조량이 주산지인 제주의 연간 2,000시간보다 무려 500~600시간이 많고 토양 조건도 점질성이 풍부해 과일의 단맛을 내는 데 유리한 천혜의 자연환경을 갖추고 있다”며 “여기에 농약을 사용하지 않고 친환경 농법으로 재배하니 맛은 물론이고 건강에도 좋은 ‘황금복주머니’가 되는 것이다”고 설명했다. 그는 이어 “친환경 농법이 좋다는 것은 누구나 다 아는 사실이지만 관행농법에 비해 손이 많이 가고 무농약 인증을 받기까지 토질을 바꾸는 시간이 오래 걸리기 때문에 꺼리는 것 같다”며 “나무에 주렁주렁 매달려 있는 한라봉을 보면 마음이 뿌듯했지만 변변한 여행 한번 가보지 못해 아내에게 미안하다”고 말했다.

그는 지난 10여 년 동안 농장을 비워 본 적이 없다. 틈틈이 잡초를 제거해야 하고, 우분과 톱밥을 비벼 퇴비도 만들어야 한다. 또 토양관

주와 엽면시비를 통해 매월 2회씩 살포하는 젤라틴·키틴분해 미생물 제제도 직접 배양하고 있다. 상황에 따라 식물성 충제와 황토유황을 살포하는 등 그가 해야 할 일들이 적지 않기 때문에 아파도 아픔을 느낄 시간조차 없었단다. 이처럼 '한라봉 박사'가 된 신 씨에게도 어려운 시기는 있었다. 신 씨는 2004년까지 약 30여 년 동안 이어왔던 오이 농사를 접었다. 유가급등으로 오이 시세에 비해 치솟는 난방비를 감당할 수 없었기 때문이다. 깊은 고민 끝에 새로운 작목이었던 한라봉 재배를 시작했지만 이마저도 쉽지만은 않았다. 관행재배 농법을 과감히 버리고 무농약 재배에 도전했기 때문이다.

신 씨는 "무농약 재배를 시작하면 3년째 되는 해가 고비"라며 "농약을 쓰지 못하니 해충 발생 빈도는 높아져 손은 많이 가는데 토양에 아직 농약이 남아있어 무농약 인증도 받지 못하니 노력에 비해 얻어지는 게 없어 관행농법을 다시 찾게 되는 것 같다"고 말을 이었다.

그는 이처럼 지난 10년 무농약 농법을 고집해 온 결과 5,950㎡의 면적에 600주의 한라봉 나무를 심어 연간 10여 t의 한라봉을 수확해 2억 5,000만 원 상당의 매출을 올리고 있다.

신 씨는 "무농약 농법은 '땅을 살리고 몸을 살리는 농사'이자 기존 방법으로 일반 재배한 한라봉에 비해 당도가 18브릭스 수준으로 아주 높은 편이다"며 "무엇보다 건강에도 좋고 맛도 좋고 보기 좋은 한라봉을 시장에 내놓을 수 있다는 데 보람을 느낀다"고 말했다.

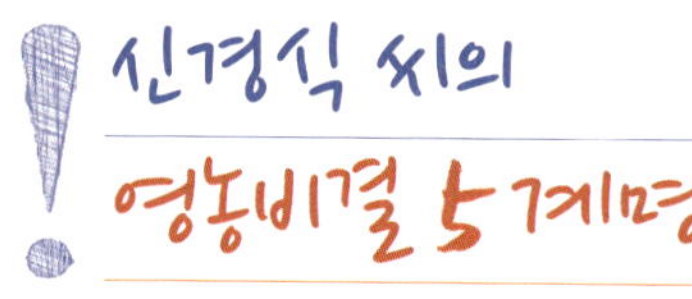

1 과일은 햇볕이 잘 들어야 당도가 높다.

한라봉을 비롯해 과일의 당도를 높이기 위해서 농가에서 다양한 방법을 쓰고 있지만, 무엇보다 햇볕이 잘 들어야 한다. 이 때문에 나무를 심는 장소 즉 농지를 선택하는 것도 신중해야 하지만 나무와 나무의 간격도 매우 중요하다.

2 나무의 뿌리가 튼튼해야 열매가 크고 달다.

잘 먹는 아이가 잘 자라는 것처럼 뿌리가 튼튼해서 양분을 잘 흡수하는 식물이 빛깔이 좋고 맛있는 열매를 맺는다. 젤라틴·키틴분해 미생물은 흙과 뿌리, 잎과 줄기에 있는 해충의 알 등을 분해하고 뿌리가 양분을 잘 흡수할 수 있도록 돕는 역할을 하기 때문에 과실수에 사용하면 좋다.

3 3년 묵힌 자가퇴비를 사용하면 좋다.

현재 관행농법에서 많이 사용하는 화학비료는 '질소 - 인산 - 칼리'를 중심으로

하고 있어 그 외의 필요한 다양한 양분들을 공급하
는 데 한계가 있다. 또 완숙되지 않은 퇴비를 사용
하면 부숙과정에서 유해물질이 발생할 가능성이
높다. 하지만 퇴비를 완숙시켜 사용하면 이같은 문
제를 해소할 수 있다.

4 땅을 살려야 농사로 성공할 수 있다.

어떤 일을 시작하든지 고비는 있다. 시작하고 3년
이 첫 번째 고비다. 특히 농사의 경우 3년부터
어려움이 시작될 수도 있다. 땅을 살리면 농사에
실패하지 않는다. 믿음을 가지고 꾸준히 노력한다면 가격과 판
로개척에 대한 어려움을 덜 수 있고 당연히 안정된 수입도 창출할 수 있다.

5 친환경농산물에 적합한 판로를 개척해라.

무농약 유기농 제품은 관행재배 농산물에 비해 윤기나 모양이 덜 예쁜 게 사
실이다. 그 때문에 관행농법 재배 농산물과 같은 유통경로를 선택하면 생각
했던 소득을 얻기 어렵다. 이에 무농약 농산물은 학
교급식, 백화점 납품 등 판로를 잘 모색해야
한다. 또 자체 브랜드를 만들거나 소비자
가 한눈에 알아볼 수 있는 포장이나 표시
를 하는 등 고급화하는 작업이 필요하다.

김용봉 씨

귀농 8년째인 김용봉 씨(57·전남 담양군 봉산면 대추리)는 지역 농업인들 사이에서 수박·고추 등 과채류 농사의 달인으로 불린다. 그는 12년 동안 서울에서 직장생활을 하며 기러기 아빠로 지내오던 중 이곳에서 농사짓던 부모님이 고령으로 농사일이 힘들어지자 귀농을 결심하게 됐다. 농사일을 시작한 지 그리 오래되지 않은 그가 당당히 '달인'이라는 별칭을 갖게 된 데에는 이유가 있다. 김 씨는 귀농 초기 계속되는 실패를 경험하면서 '실패 원인'을 찾아 이를 개선하고자 노력해왔기 때문이다. 그는 특히 '안전한 먹거리 생산'을 위해 귀농 초기부터 친환경 재배를 통한 농산물 생산에 주력해 왔다. 그러던 중 지난 2012년 젤라틴·키틴분해 미생물 자가배양농법을 도입하면서 '대박농사'의 꿈을 이루게 된 것이다. 또 농작물의 출하 시기를 조절해 안정적인 공급과 연중 비수기를 없애는 등 두 마리 토끼를 잡을 수 있게 됐다.

“농사를 지어 이익을 남기기 위해서는 남과 달라야 합니다.”

귀농 8년 차인 김 씨는 친환경농산물 생산으로 억대 매출을 올리는 농사의 달인으로서 자부심이 대단하다. 그가 짧은 기간 농사의 달인이 된 것은 부지런한 생활습관과 확고한 경영철학이 있었기에 가능했다.

그는 “귀농 당시 부모님으로부터 물려받은 비닐하우스는 4동 2,644㎡(800평)으로 멜론이 주작목이었다”며 “부모님이 하던 관행농법으로 농사를 지었다면 어려움을 겪지 않을 수도 있었겠지만, 관행농법으로는 부가가치를 올릴 수 없다는 것을 알기에 처음부터 친환경농법을 도입했다”고 설명했다.

김 씨는 귀농 초기 많은 돈을 들여 친환경 농약을 만들었지만 실패했다. 이후 약 5년 동안 다양한 미생물농법도 시도해 봤지만 별다른 효과를 보지 못한 채 적자운영을 이어갔다.

그러던 중 지난 2012년 젤라틴·키틴분해 미생물 자가배양농법을 도입하면서 억대 매출을 달성하게 됐다.

‘젤라틴·키틴분해 미생물농법’은 농가에서 미생물을 자가배양해 풍부하게 미생물을 살포할 수 있어 효과적이다. 우선 물 500ℓ에 3종의 미생물과 미생물 먹이 그리고 망에 넣은 유기질비료를 플라스틱 배양기에 넣고 열흘 정도 미생물을 자가배양했다. 500ℓ 배양에 소요되는 비용은 3만 5,000원 선. 이를 660㎡(200평 하우스 2동)에 한 작기에 작물별로 6회 관주처리했다. 가격대비 효과는 최상이었다. 선충

개체수가 크게 줄어들면서 잔뿌리가 풍성해지는 변화가 찾아왔다. 토양이 부드러워지고 다른 병충해도 줄어드는 효과로 이어졌다.

그는 또 품종 선택에서부터 품질 관리는 물론 선별·포장까지 차별화를 고수했다. 청양고추·꽈리고추·오이고추·풋고추·수박·참나물·근대 등 여러 품종을 친환경농법으로 재배했다.

계절별로 출하 작목을 다르게 해 비닐하우스의 가동률을 높인 것도 성공 요인이다. 김 씨는 1~2월에 자신의 비닐하우스 전체(1ha)에 수박을 심어 5~6월에 출하한다. 이어 2,644㎡(800평)에 멜론을 심어 추석 무렵에 선물용으로 출하하고, 5,289㎡(1,600평)에는 고추를 재배해 10월부터 12월까지 판매한다. 여기에 정식 시기도 작목반 회원들끼리 안배해 출하 시기를 조절함으로써 봇물 출하에 따른 가격 하락을 미연에 방지했다.

포장도 특별하다. 수박의 경우 낱개단위 포장용기를 제작해 납품하기 때문에 일반재배 수박보다 1.5배가량 비싼 값에 판매되고 있다. 김 씨가 생산하는 대부분의 농작물은 광주·전남지역 학교에 친환경 급식자재로 공급되고 있다. 연 매출은 1억 원 가량. 친환경농사 덕분에 억대부농 반열에 올랐다.

1 친환경 농법으로 전환이 빠를수록 성공한다.

농업인 대부분은 '관행농법'에 대한 미련을 떨치
지 못하고 있다. 농촌에서 부를 창출할 수 없
는 이유도 이 때문이다. 자유무역협정
(FTA) 체결 이후 미국·중국 등으로부터
수입되는 저렴한 가격의 농산물이 늘고 있는

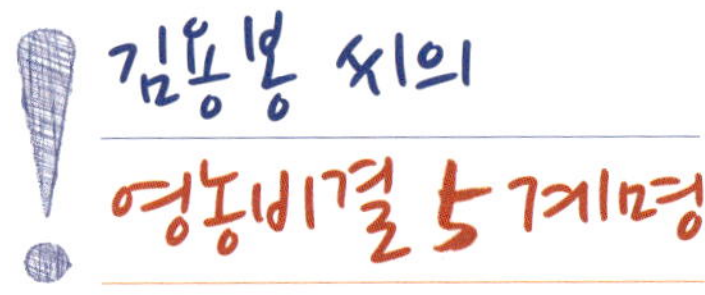

상황에서 소비자들이 원하는 '안전한 먹거리'를 생산하는 것만이 농업경쟁력을
확보하는 길이기 때문이다.

2 판로를 확보해 놓은 후 재배할 품목을 선택하라.

농산물은 저장 기간이 길지 않기 때문에 판로를 찾지
못하면 저장 기간 중에 손해를 볼 수 밖에 없다. 이 때
문에 시기적·지리적 이점을 살려 품종을 선택하는 것은
물론이고 판로를 먼저 확보해 놓아야 한다는 것이다. 최근
에는 계약재배 방식으로 재배하는 농가가 늘고 있는 것도 안정
적인 수익구조 때문이다.

❸ 연중 생산해야 안정적인 수익을 올릴 수 있다.

농작물은 통상 1년에 1~2회 수확한다. 이 때문
에 투자금 회수도 1~2회에 불과하다. 그렇다
보니 자금순환이 어렵고 태풍과 같은 자연재해
를 입게 될 경우 후유증은 2~3년간 지속된다. 이

때문에 연중생산이 가능한 품목을 선택해야 하며, 몇 개의 작목을 순차적으
로 재배하는 것 좋은 방법이다.

❹ 안정적인 물량 공급을 위해 규모화·조직화 는 필수다.

농산물이 항상 최상의 상태로 재배될 수는 없
다. 또 시기적으로 판매량이 갑자기 증가하는
경우도 종종 있다. 이때 안정적인 물량 공급을
하기 위해서는 같은 품종을 재배하는 농업인들과

작목반을 구성해 규모화·조직화를 하는 것이 절대 필요하다.

❺ 영농일지를 작성하는 것은 필수다.

일부 농업인들의 경우 영농일지를 형식적으로 작
성하는 경우가 있다. 그러나 농업인으로서 성공하
고자 한다면 영농일지를 작성하는 것은 필수다. 농작

물은 환경에 민감하고 자연환경은 시시각각 변화하기 때문에 농작물을 생육
을 관찰하는 데 있어 영농일지 작성은 귀중한 자료가 되기 때문이다.

가지농가
김희열 씨

농사 경력 30여 년 만에 '억대 부농'의 꿈을 이룬 김희열 씨(62·광주광역시 광산구 요기동). 그는 가지 등 과채류를 재배해 연간 2억 원 이상의 매출을 올리고 있다. 김 씨가 억대 부농이 될 수 있도록 소득을 안겨준 작목은 값비싼 열대과일이나 희귀작물이 아닌 가지다. 그는 6,611㎡(2,000평)의 농지에 비닐하우스 5동을 설치하고 가지를 재배하고 있다. 그가 이처럼 높은 소득을 올릴 수 있었던 것은 관행농법을 답습하지 않고 흙과 작물의 질을 높일 방법에 대해 배우고 꾸준히 연구해 온 결과다. 그는 특히 2013년 젤라틴·키틴분해 미생물 자가배양 농법을 접하면서 농업의 미래가 어둡지만 않다는 확신을 갖게 됐다. 관행농법에 비해 농사에 들어가는 비용은 절반 이상 줄고 수확량은 두 배 이상 늘어났을 뿐만 아니라 보관 기간이 길어 일반 농산물과 비교해 비싼 가격에 판매가 가능하기 때문이다.

"대박농사 비결이요. 뭐 별다른 게 있나요. 어떻게 하면 땅이 살아날까, 뭘 주면 작물이 잘 자랄까, 어떻게 하면 나와 내 가족이 행복할까 고민하고 이를 이루기 위해 실천하며 살아온 것 밖에 없어요."

김 씨는 1986년 이곳에서 농사를 시작했다. 처음 시작한 작목은 장미였다. 국제통화기금(IMF) 외환위기 이후 장미 재배를 시작한 지 13년 만에 과채류로 작목을 바꿨다.

6,611㎡(2,000평)에 하우스 5동을 지어 농사를 시작했다. 가지 재배는 장미 재배에 비해 훨씬 수월했지만, 여전히 시행착오가 많았다. 1년은 나무 심고, 2년째부터 수확을 시작했다. 품질 좋고, 수확량도 많아졌다. 그러나 하우스 농사를 시작한 지 3년쯤 되던 해 토양에 병이 많아지면서 작물이 병해충 피해를 입은 것이다. 작물에 좋다는 영양제는 다 써봤지만, 효과가 없었다. 김 씨는 원인을 찾기 위해 노력했다. 그는 '영양제들이 땅과 맞지 않는 것은 아닐까'하는 생각을 하게 됐다.

김 씨는 "당시 여러 가지 방법을 써 봤는데도 별 효과가 없었기 때문에 미생물농법 자체에 대해 믿음이 생기지 않았었다"고 회상했다.

그러던 중에 운 좋게도 젤라틴·키틴분해 미생물을 접했다. 젤라틴·키틴분해 미생물을 배양해 사용한 후 곰팡이 균을 잡았다. 관행농법에 비해 비용이 크게 줄었을 뿐 아니라 힘도 덜 들어 좋았다. 특히 빛깔이 좋고 신선도도 좋을 뿐 아니라 보관성도 좋아 일반 재배 작물에 비해 두 배 이상 높은 가격에 판매되다 보니 매출은 당연히 올라갔다. 2013년 7월부터 2014년 6월까지 1년 동안 노력한 결과 연간 2억 원의 매출을 달성한 것이다. 그러나 그는 여기서 멈추지 않았다. 젤라틴·키틴분해 미생물을 자가배양 농법을 극대화할 수 있는 방법을 연구해보고 싶다는 욕심이 생긴 것이다. 그는 먼저 미생물이 발효되면서 나는 특유의 향을 줄일 방법을 연구했다.

그는 "익숙해지면 괜찮은데 견학을 오는 다른 지역 사람들은 가끔 불편한 기색을 보이기도 한다"며 "그래서 배양 시설에 대해 연구하기 시작했다"고 설명했다.

김 씨는 배양 온도와 시간 등을 조절하고 미생물의 먹이가 되는 성분들도 조금씩 바꾸면서 변화를 관찰하기 시작했다. 먼저 원활한 산소 공급을 위해 거품발생기의 모터를 수중모터로 바꿨다. 배양 시 공급되는 산소의 양을 늘려 미생물이 더욱 활발하게 배양될 수 있도록 도울 수 있을 것이라는 생각에서다. 그 결과 배양 시 냄새가 구수하고 좋아졌다. 그는 이 밖에도 양액 재배시설을 갖추고 고농축 영양제를 미생물의 먹이로 주는 등 더 좋은 미생물이 더 많이 배양될 수 있도록 끊임없이 노력하고 있다. 김 씨는 "역경이 있을 때마다 초심으로 돌아가 다시 시작한다는 마음으로 지금까지 왔다"며 "자식같은 농작물이 잘 자라도록 하기 위해 농사를 지으면서 겪었던 많은 시행착오와 다양한 경험들이 '대박농사'의 비결"이라고 말했다.

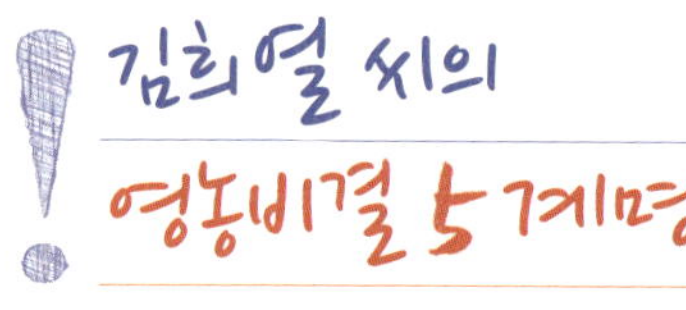

1 토양의 질을 높이는 데 투자하라.

토양에 맞는 영양제를 찾기란 쉽지가 않다. 대
부분의 식물 관련 영양제는 토양의 질을 높이
는 것이 아니라 식물에 필요한 영양소를 공
급하는 것을 목적으로 만들어지기 때문이다.

그러므로 흙에서 시작된 병충해를 잡기 어려운 것이 현실이다.

2 미량요소를 잘 이용하라.

인간이 태어나 성장하는 데에도 단백질·지방·
칼슘 등 5대 주요 영양소 이외에도 다양한 영양
소가 필요하듯 식물이 자라는 데에도 각종 영양소
가 필요하다. 병해충 관리만큼이나 미량요소 관리가 중
요한 이유다. 적정한 미량요소를 잘 공급해야 농작물이 건강하게 자란다.

3 집에서 직선거리 500m 이내에 경작지를 마련하라.

'몸이 멀어지면 마음도 멀어진다'는 말이 있다. 농사도 마찬가지다. 계절에

따라 혹은 날씨에 따라 시시때때로 살펴보고 그
에 맞는 환경을 만들어줬을 때 최고 품질의 농
산물이 생산된다. 그러기 위해서는 가까이
서 자주 들여다보고 살펴보는 것이 무엇보
다 중요하다.

④ 끊임없이 공부하고 연구하라.

노력하지 않고는 무엇을 얻을 수는 없는 것이 세
상의 이치다. 농사도 마찬가지다. 무엇이든 관심
을 갖고 지켜봐야 하고 문제점이 발생하면 해결
책을 찾기 위해 노력해야 한다. 스스로 지식이 부
족하다 생각되면 전문가들을 찾아가 배워야 하고 다양한 정보들을 검증하
는 과정도 필요하다.

⑤ 일도 생활도 즐겨라.

농업인들은 1년 내내 농사에만 매달려 살며 힘들
어하는 경우가 많다. 하지만 생각을 조금만 바
꿔도 행복이 넘친다. 비닐하우스 입구에는 틈틈이
예쁜 화초들을 기르는 것도 삶의 재미 중 하나다. 또
가끔은 시간을 내 등산도 하고 인생을 즐기며 살
아보자. 스스로 삶의 즐거움을 찾아보라.

손옥분 씨

　자칭 '초보 농사꾼' 손옥분 씨(62·고창군 대산면 대광리)는 요즘 농사짓는 재미에 산다. 손 씨는 2006년 남편 김양수 씨(68)와 함께 고창에 새 보금자리를 마련하고 제2의 인생을 시작했다. 그가 귀농을 선택한 것은 지난 40여 년 동안 운수업에 종사하며 가족을 부양해 온 남편이 '노년은 전원생활을 하며 보내고 싶다'는 말을 입버릇처럼 해 왔기 때문이다. 그러나 농사에 대한 사전지식이 없는 상황에서 무작정 시작한 농사는 그야말로 실패의 연속이었다. 인건비는 고사하고 농사에 들어간 자재비도 고스란히 빚으로 남게 됐다. 그러던 중 2013년 '젤라틴·키틴분해 미생물'을 접하고 농사에 자신감이 생겼다.

"모든 일이 그렇겠지만, 농사도 의욕만 가지고 시작하면 실패할 것을 각오해야 해요. 귀농 초기 손해를 최소화하기 위해서는 최소한 2~3년은 준비해야 할 것 같아요."

'남편과 행복한 전원생활'을 꿈꾸며 농촌생활을 시작한 손옥분 씨는 귀농 1년 만에 자연의 냉정함 앞에 무릎을 꿇었다. 농사를 지어본 경험이 없는 데다 별다른 정보도 없이 땅을 구입하고 그곳에 씨앗을 뿌려 농사를 시작했기 때문이다.

손 씨는 2006년 고창군 대산면 대광리에 5,619㎡(1,700여 평)의 논을 구입해 콩을 심었다. 열심히 잡초도 뽑고 물도 주며 관리했지만 콩줄기만 무성하게 자랄 뿐 콩깍지는 텅 비어있었다. 첫해 농사는 그렇게 실패로 돌아갔다. 손 씨는 남편과 실패의 원인을 찾기 시작했다. 밭작물은 논에 재배한 것도 실패의 원인이겠지만 거주지와 경작지가 약 1시간 거리에 있어 농작물 관리에 어려움이 많았다는 결론을 내렸다.

그다음 해에는 경작지 근처에 컨테이너를 설치하고 작물을 재배하기로 했다. 이번엔 대파·고추·파 등으로 바꿨다. 처음 2년은 대파 가격이 좋아 나름대로 벌이가 됐다. 그런데 3년째 되던 해 정부가 대파 수입량을 늘리면서 가격이 폭락해 한해 고생한 인건비는 고사하고 농사에 들어간 자재비도 고스란히 빚으로 남게 됐다. 이후에는 고추·수박 등 과채류도 재배하기 시작했다. 특히 수박은 기대이상으로 잘 자랐다. 그런데 그해 고창지역을 비롯해 전국적으로 수박 농사가 풍년이었다. 공급량이 늘어나면서 출하 지연으로 2만 8,000원 짜리 수박이 1만 6,000원에 판매되면서 '대박농사'의 꿈은 산산이 부서졌다. 그러나 손 씨는 여기서 좌절하지 않았다. 〈농민신문〉을 통해 '전남대학교에서 친환경농산물 재배와 관련한 강좌가 열린다'는 소식을 접하고 무작정 광주를 찾았다. 그곳에서 농업현장의 생생한 정보를 전해 듣고 다시 처음부터 시작했다. 그리고 판로와 재배 환경을 고려해 선택한 농산물이 바로 아스파라거스다. 손 씨는 안정적인 소득을 위해 무농약 유기농법을 선택했다. 먼저 비닐하우스 4동을 지어 일정한 크기로 땅을 파고 그 안에 볏짚과 퇴비를 넣어 토질을 높였다. 여기에 젤라틴·키틴분해 미생물을 배양해 흙에 뿌렸다. 그 결과 아스파라거스 재배를 시작한 지 1년 만에 비닐하우스 1동에서만 500만 원의 소득을 얻었다.

손 씨는 "일반농가의 경우 6,611㎡(2,000평) 7년생 나무에서 14kg가량 수확할 수 있다고 들었는데 첫해 3,967㎡(1,200평) 비닐하우스에 심어놓은 2년생 나무에서 10kg을 수확했다"며 "젤라틴·키틴분해 미생물을 충분히 공급해서 그런지 오래 보관해도 신선도가 유지돼 소비자들에게 인기가 높다"고 설명했다. 그는 이어 "아직은 농사 경험이 부족해 배워야 할 것이 많다"며 "앞으로는 남편과 함께 강의도 듣고 농업인들과 정보교류활동도 적극적으로 참여할 계획이다"고 말했다.

그는 "농사를 잘 지어 귀농을 꿈꾸는 많은 사람이 실패를 줄일 수 있도록 도움을 주고 싶다"고 포부를 밝혔다.

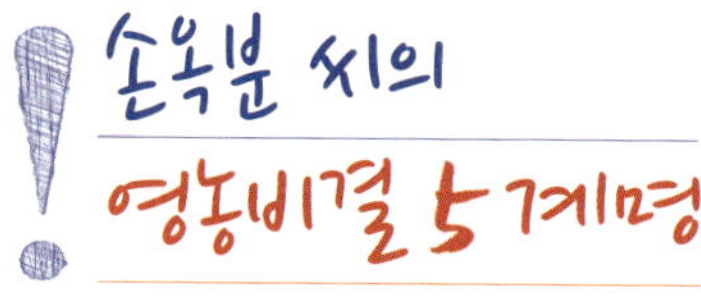

1 귀농에 성공하려면 꾸준한 교육이 필요하다.

도시생활을 하는 직장인 중 상당수가 '퇴직하면 고향에 내려가 농사나 지어야지'하는 말을 입버릇처럼 한다. 그러나 농사도 일이다. 시간과 노력과 비용을 들여 노하우를 쌓지 않는다면 실패를 겪을 수밖에 없다. 특히 농사를 한 번도 접해보지 않았다면 틈틈이 교육을 받을 것을 권장한다.

2 제때 양분을 공급하는 노하우를 익혀라.

사람도 성장기에 필요한 영양분을 골고루 섭취하지 못하면 성장에 어려움을 겪듯이 식물도 마찬가지다. 뿌리를 내릴 때, 꽃을 피울 때, 열매를 맺을 때, 또 열매가 익어갈 때 각기 필요한 영양소의 종류와 양이 다르다. 좋은 열매를 맺기 위해서는 땅과 작물을 잘 관찰하고 그들의 변화를 지켜보며 필요한 것을 줘야 한다.

❸ 경작지와 거주지는 가까운 곳에 둬라.

사는 곳과 경작지가 자동차로 이동했을 때 30
분 이상 떨어진 곳에 있으면 관리하기가 어렵다.
가까운 곳에 농지가 있으면 누구든 틈틈이 농
작물을 보살피면 된다. 반면 차로 이동을 해
야 하는 거리에 있으면 농작물을 들여다보
는 횟수가 줄어들 수밖에 없다.

❹ 미래를 보고 농사를 지어라.

농사를 시작할 때 남들처럼 하면 가장 빨리 적응
할 수 있을지 모른다. 그러나 원하는 만큼의 결과
를 내기는 어렵다. 특히 농업 환경은 갈수록 힘들
어지고 있다. 농산물 수입이 자율화되고 소비자
는 안전한 먹거리를 원하고 있다. 친환경 재배를
선택하는 것이 장기적으로 전망이 좋다고 본다.

❺ 농업인들과의 교류를 통해 정보를 교환하라.

농업이 성장하기 위해서는 가장 중요한 것은
훌륭한 인적자원이다. 재배하는 농산물의 종

류와 관계없이 서로 도움이 될만한 정보를 교류하
는 것이 필요하다. 다양한 교육프로그램에 참여해 함께 교육받는 사람들과
성공 노하우를 교류하는 것도 좋은 방법이다.

텃밭농사 직접 지어보니

김금희

　〈전남매일〉 경제부에서 근무하며 농협을 출입하던 시절. 농업과 농촌의 현실을 취재하기 위해 한 달이면 2~3번은 광주·전남지역 농업현장으로 출장을 다녔다. 세상에 나와 30여 년이 넘도록 농사를 지어 본 적도 없을 뿐 아니라 화분에 화초도 길러본 적 없는 '도시 촌년(?)'이 오로지 좋은 기사를 써보겠다는 의욕만으로 시작한 '농어촌 특집 시리즈'의 소재거리를 찾기 위해서였다. 주제는 '친환경농업으로 자유무역협정(FTA) 파고 넘자'는 내용이다. '완전 무농약 농법은 있을 수 없다'는 말이 일반화돼 있던 시기에 '무농약 유기농법'으로 농산물을 생산하는 농가가 얼마나 있을까 걱정도 됐고 무엇보다 '그래 봐야 농산물인데…, 이 농산물로 값 싼 수입 농산물과의 경쟁에서 살아남을 수 있을까?'하는 걱정이 앞섰다. 그러나 농촌을 방문하는 횟수가 많아질수록 나도 농사를 짓고 싶다는 마음이 커졌다. 그 마음 한편에는 '기자생활 하며 밤낮없이 뛰어다니던 열정이면 나도 부농이 될 수 있지 않을까?'하는 기대감도 자라고 있었다.

2013년 7월. 태어나 처음 삽과 호미를 손에 잡았다. 한여름 땡볕이 내리쬐는 무더운 날씨 속에 '생애 첫 텃밭'에서 최고의 농작물을 길러 내겠다는 당찬 결심을 하며 운동화에 밀짚모자를 쓰고 텃밭으로 향했다. 장소는 전남대학교 부근 공터. 전남대학교 농생물산업기술관 리단이 친환경 먹거리를 직접 재배하는 도시농업체험프로그램의 일환으로 시작한 텃밭 운영 첫해 6.6㎡(2평)를 분양받아 농사(?)를 시작했다.

마을 공터에 구역을 나눠 분양한 텃밭이라 흙 속엔 벽돌, 시멘트 뭉치, 병 조각, 쓰레기 등이 가득했다. 열 발자국이면 한 바퀴를 돌아 제자리로 올 정도로 좁은 땅이지만 삽질을 하며 흙을 고르는 데만 2~3시간이 걸렸다. '이런 곳에서도 식물을 자랄 수 있을까. 그냥 사 먹을 걸, 이 더운 날 괜한 짓을 한 것은 아닌가?' 삽으로 흙을 파내고 호미로 돌을 골라내는 동안 만감이 교차했다. 그러는 사이 이랑과 고랑이 만들어지고 제법 밭의 모습이 갖춰졌다.

이제 씨앗만 뿌리면 되는가 싶더니 밭에서 농사를 지을 수 있는 환경을 만들어줘야 한단다. 밭을 가는 것은 농사의 끝이 아니라 시작이었다. 머리가 멍해졌다. 얼굴은 이미 땀과 눈물이 범벅됐다.

시원한 냉수를 들이붓듯 마시고 다시 일을 시작했다. 미리 사놓은 퇴비를 부어가며 밭을 갈았다. 그 위에 젤라틴·키틴분해 미생물과 친환경 충제를 다시 뿌렸다. 반나절을 꼬박 일했지만, 여전히 '정말 이

땅에서 식물이 자랄 수 있을
까' 하는 생각뿐이었다. 그
리고 시간이 흐르자 땅이 말
을 하기 시작했다. 씨를 뿌
린 만큼 싹이 트고, 물을 준
만큼 자랐으며, 가끔 오는
게으름뱅이에게 호통치듯
구멍이 숭숭 뚫린 벌레 먹은
잎들을 내밀었다.

그래도 좋았다. 더디게
자라는 상추 잎도, 벌레들의
흔적을 고스란히 내보인 구
멍 숭숭 뚫린 무 잎사귀도
어느 것 하나 뜯어 버리기

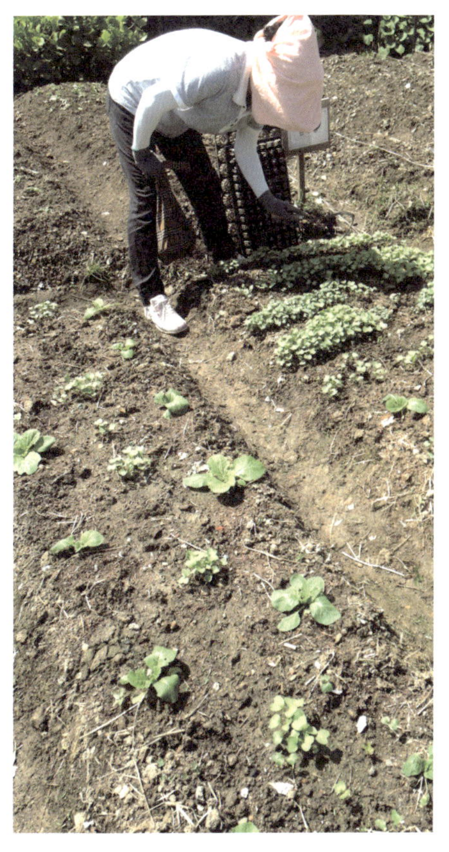

아까울 만큼 감사했다. 정직하고 건강하게 자란 유기농 채소들이 그
해 여름 식탁을 장식해 줬기 때문이다.

가을이 다가오자 상추를 심었던 자리에 배추 모종을 심었다. 무와
시금치 씨앗도 뿌렸다. 배추 15포기, 무 20개. 그해 12월 말까지 6.6
㎡(2평 짜리) 텃밭에서 수확한 채소들이다. 텃밭 경작이 남겨준 선물
은 이뿐만이 아니다.

농산물에 사용하고 남은 젤라틴·키틴분해 미생물을 집안 화분에 심은 방울토마토에 일주일에 2차례 정도 뿌렸다. 손바닥만 한 화분에서 자라는 방울토마토지만 맛이 달고 육질이 단단했다. 더욱 놀라운 것은 2013년 3월에 심은 이 방울토마토가 2014년 봄까지 1년을 넘는 기간 동안 건강하게 열매를 맺고 살았다는 것이다.

무엇보다 취재 중 만난 농업인들이 저마다 자신들이 기르는 작물에 대한 자부심을 갖고 살아가는 이유에 대해 이해하는 시간이 됐다.

1년 365일을 새벽부터 해 질 무렵까지 일터를 지키고 있는 농업인들의 표정이 행복해 보이는 그들. 그래서일까. '무농약 유기농법'으로 길러 수확한 농산물들은 맛과 품질, 보관 기간 등이 일반 관행농법으로 생산한 농산물에 비해 월등히 높았다.

그리고 이들의 공통점은 전남대학교 친환경미생물연구소 김길용 교수가 개발한 젤라틴·키틴분해 미생물을 직접 배양해 사용하고 있다는 것이었다. 젤라틴·키틴분해 미생물이 농작물에 어떤 영향을 미쳐 이 같은 결과가 나왔을까. 그 답은 간단했다. 젤라틴·키틴분해 미생물은 토양과 식물에 있는 젤라틴 혹은 키틴 성분을 분해하는

미생물들이다. 이들이 젤라틴과 키틴으로 둘러싸인 해충이나 해충의 알을 분해해 양분이 되도록 하고 식물은 이들 해충의 방해를 받지 않고 양분을 흡수해 스스로 생명력을 높여가는 구조라는 것이다.

이 때문에 씨앗을 뿌리거나 나무에 심기 전, 흙에 젤라틴·키틴분해 미생물과 식물성 충제를 넣어주면 병해충 피해의 발생 빈도나 강도가 더 낮아진다는 것이다.

자연의 먹이사슬을 이용하면 농약을 사용하지 않고 텃밭에서 농작물을 재배할 수 있다는 것이다. 약간 번거롭지만 조금만 관심을 기울인다면 무농약 친환경농법이 가능하다는 것. 그래서 우리 농업의 미래도 그리 어둡지 않다는 것을 몸소 체험하는 소중한 기회가 됐다.

해외사례
(캄보디아·미얀마·베트남·중국)

젤라틴·키틴분해 미생물은 해외에서도 각광을 받고 있다. 처음엔 농학자들을 통해 동남아지역에 시범재배되면서 알려지기 시작했지만, 지금은 효능이 좋기로 입소문나면서 농가들 사이로 서서히 확산하고 있는 추세다. 특히 캄보디아·미얀마·베트남·중국 등에서 좋은 반응을 얻고 있다. 공통점은 미생물을 한 작기에 2~4번만 살포해줘도 잡기 힘든 선충피해가 급격히 줄어들고 병해충피해가 줄어든다는 점이다. 또 생육이 왕성해 생산성이 높아진다는 것이다. 세계 어디에서든지 흙을 비옥하게 만들면 생산성이 높아지고 돈이 되는 농업을 일굴 수 있다는 것이 증명된 셈이다.

캄보디아

앙코르와트 유적으로 유명한 시엠리아프 시에서 자동차로 1시간 30분 거리에 위치한 민체이 대학에서는 젤라틴·키틴분해 미생물농법을 적극적으로 활용하고 있다. 연평균 기온이 27℃를 오르내리는 열대기후지만 우기인 5~10월에 굵은 빗줄기를 피하기 위해 하우스에서 채소를 재배한다. 하우스 비닐은 열기를 차단하는 기능성도 있다. 또 이 학교에서는 학부생 10명이 젤라틴·키틴분해 미생물 관련 논문을 썼고 대학원생 7명이 논문을 쓰기 위해 연구에 매진 중이다.

그 뿐만 아니다. 캄보디아 시엠리아프 시에서 200㎞ 가량 떨어진 바탕봉 지역에서는 젤라틴·키틴분해 미생물농법을 이용해 벼농사를 짓고 있다. 이 지역에서는 쌀을 수출하는 데 최근 들어 유럽에서 유기농 쌀을 원해 미생물농법이 늘어날 것으로 보인다.

기온27°C 열대기후!
캄   보   디   아
♡ 젤라틴·키틴 분해 미생물 농법 적극 활용!
벼! 농사!
유기농 쌀! 베리 굿!
유럽
유기농 쌀!

미얀마
자연이 살아나니
우리도 살맛난다
짹!
짹!
수확량 50%
증가!
한국
미생물 농법
고추
오이
호박
토마토

미얀마

미얀마 농림관개부에서 몇 년 전부터 한국 젤라틴·키틴분해 미생물 농법을 도입해 멜론·호박·토마토·고추·오이 등 농작물을 3기작에 걸쳐 4ha에서 시험재배를 한 결과 수확량은 50% 이상 증가했고 미생물 배양 가격도 적정하다는 결과를 도출했다. 또 미얀마 양곤 인근 지역 농장에서 오렌지를 재배하는 데 월 1회 젤라틴·키틴분해 미생물을 살포한 결과 수확량이 2배가량 늘어난 사례도 보고됐다.

예예 느웨 미얀마 농업관개부 과장(44)은 "미얀마에서는 대부분 농가가 관행 방식으로 농사를 짓기 때문에 농약을 많이 뿌려도 수확량이 적다"며 "비가 내리지 않는 건기에 수확량을 올리기 위해 비닐 멀칭을 권장하고 있지만, 농산물 가격이 낮아 투자를 꺼린다"고 말했다. 이어 그는 "한국 미생물농법을 적극적으로 실천한다면 농업 경쟁력을 상당히 끌어올릴 수 있을 것으로 판단된다"고 덧붙였다.

베트남

　베트남 경제의 중심지인 호찌민 시에서 북쪽으로 320㎞ 떨어진 곳에 달랏 시가 있다. 이 일대는 열대지방이지만 해발 1500m 고원지대에 자리 잡아 연평균기온이 18℃로 시설하우스를 구경할 수 있다. 이곳에서는 젤라틴·키틴분해 미생물로 국화 시험재배가 진행 중이다.

　또 이 지역에서 자동차로 5시간 거리에 있는 부마토 시에 위치한 타우긴 대학에서는 젤라틴·키틴분해 미생물을 연구하고 시험재배를 한 결과 효과가 뛰어난 미생물이라는 결론을 내렸다.

　윈안중 타우긴 대학 농대 교수(47)는 "한국 미생물농법으로 대학 인근 부마토 지역에서 커피와 후추를 시험재배한 결과 생산비는 줄고 품질과 수량은 크게 향상됐다"며 "베트남에서 시설원예와 커피·후추 재배를 중심으로 몇 년 내 한국 친환경농법이 급속도로 확산할 것으로 보인다"고 말했다.

따이한!
넘버 원!
한국 친환경농법!
확 산 중!
커피와
후추재배
생산비 줄고
품질 엄청 향상!
베트남

농법도 한류!
한국 미생물 농법! 띵호아!
수량 늘고! 병해충 피해 줄고!
브로콜리
중 국

중국

중국 지린성 장춘에서는 3~4년 전부터 젤라틴·키틴분해 미생물을 이용해 브로콜리를 시험 재배한 결과 수량은 늘어나고 병해충 피해는 줄어드는 효과를 얻었다. 또 한 달에 세 번 오이를 미생물 처리한 결과 생육이 좋아지고 수확량은 늘어났다. 중국 산둥성과 북경에서도 미생물 시험재배를 해 좋은 결과를 얻은 것으로 알려졌다. 이에 따라 중국 일대에서는 젤라틴·키틴분해 미생물을 이용해 농장 수십 ha에서 대규모로 시험재배를 해보려는 움직임이 일고 있다. 칭따오·산둥성·북경에서는 각각 50ha의 대규모 시범포를 운영할 계획이 있는 것으로 전해졌다. 중국에서 미생물을 활용하려는 움직임이 일고 있는 것은 재배기술이 취약하기 때문이다. 미생물을 활용해서 농작물을 재배하면 단위면적당 생산성이 높아지고 저장성이 좋아진다는 사실에 주목하고 있다. 중국은 농지 면적이 넓어서 어떤 나라보다도 미생물 전용면적이 급속히 확대될 가능성이 높다.

참고문헌

- 이재열, 『미생물의 세계 : 살림지식총서 214』, 살림, 2005.
- 루이즈 E. 로빈스(이승숙 역), 『미생물의 발견과 파스퇴르』, 바다출판사, 2003.
- 이정숙(한국생명공학연구원 미생물자원센터장), 『생물산책, 미생물』, 네이버, 2010.
- 엄인용, 『국내 미생물제제 산업현황』, 농업기술실용화재단, 2013.
- 한국농촌경제연구원, 『국내외 친환경 농산물의 생산 실태와 시장전망』, 2012.
- 김계훈 외, 『토양학』, 향문사, 2014.
- Yong-Sung Lee, Lysobacter capsici YS1215를 이용한 뿌리혹선충(Root-knot nematode)의 생물학적 방제, Korean Journal of Soil Science and Fertilizer, 2013.
- Yong Seong Lee, Role of Lytic Enzymes Secreted by Lysobacter capsici YS1215 in the Control of Root-Knot Nematode of Tomato Plants, INDIAN JOURNAL OF MICROBIOLOGY, 2015.
- Kyaw Wai Naing, Biocontrol of Fusarium wilt disease in tomato by Paenibacillus ehimensis KWN38, WORLD JOURNAL OF MICROBIOLOGY & BIOTECHNOLOGY, 2015.
- Yong Seong Lee, Ovicidal Activity of Lactic Acid Produced by Lysobacter capsici YS1215 on Eggs of Root-Knot Nematode, Meloidogyne incognita, JOURNAL OF MICROBIOLOGY AND BIOTECHNOLOGY, 2014.
- Xuan Hoa Nguyen, Antagonism of antifungal metabolites from Streptomyces griseus H7602 against Phytophthora capsici, JOURNAL OF BASIC MICROBIOLOGY, 2014.
- Kyaw Wai Naing, Biocontrol of Late Blight Disease (Phytophthora capsici) of Pepper and the Plant Growth Promotion by Paenibacillus ehimensis KWN38, JOUR-

NAL OF PHYTOPATHOLOGY, 2014.

• Saophuong Neung, Insecticidal Potential of Paenibacillus elgii HOA73 and Its Combination with Organic Sulfur Pesticide on Diamondback Moth, Plutella xylostella, JOURNAL OF THE KOREAN SOCIETY FOR APPLIED BIOLOGICAL CHEMISTRY, 2014.

• Yong Seong Lee, Optimization of Medium Components for the Production of Antagonistic Lytic Enzymes Against Phytopathogenic Fungi and Their Biocontrol Potential, Korean Journal of Soil Science and Fertilizer, 2014.

• Kyaw Wai Naing, Characterization of antifungal actvity of Paenibacillus ehimensis KWN38 against soilborne phytopathogenic fungi belonging to various taxonomic groups, ANNALS OF MICROBIOLOGY, 2014.

• Yong Seong LEE, Purification and properties of a Meloidogyne-antagonistic chitinase from Lysobacter capsici YS1215, NEMATOLOGY, 2014.

• Yong Seong Lee, Nematicidal activity of Lysobacter capsici YS1215 and the role of gelatinolytic proteins against root-knot nematodes, BIOCONTROL SCIENCE AND TECHNOLOGY, 2013.

• Xuan Hoa NGUYEN, Antagonistic potential of Paenibacillus elgii HOA73 against the root-knot nematode, Meloidogyne incognita, NEMATOLOGY, 2013.

• Seong H. Hong, Biocontrol of Meloidogyne incognita inciting disease in tomato by using a mixed compost inoculated with Paenibacillus ehimensis RS820, BIOCONTROL SCIENCE AND TECHNOLOGY, 2013.

• Yong Seong LEE, Biocontrol potential of Lysobacter antibioticus HS124 against the root-knot nematode, Meloidogyne incognita, causing disease in tomato, NEMATOLOGY, 2013.

• Mao Sopheareth, Biocontrol of Late Blight (Phytophthora capsici) Disease and Growth Promotion of Pepper by Burkholderia cepacia MPC-7, PLANT PATHOLOGY JOURNAL, 2013.

1판 1쇄 발행일 2015년 3월 3일
1판 12쇄 발행일 2018년 5월 23일

공　저 임현우 김금희
삽　화 김판국
펴낸이 이상욱

마케팅 김흥선 김용덕 황의성
디자인&인쇄 지오커뮤니케이션

펴 낸 곳 농민신문사
출판등록 제25100-2017-000077호
주　　소 서울시 서대문구 독립문로 59
홈페이지 http://www.nongmin.com
전화 02-3703-6097 | **팩스** 02-3703-6213